松树盆景造型与养护技艺

徐 昊◎编著

海峡出版发行集团
THE STRAITS PUBLISHING & DISTRIBUTING GROUP

福建科学技术出版社
FUJIAN SCIENCE & TECHNOLOGY PUBLISHING HOUSE

图书在版编目（CIP）数据

松树盆景造型与养护技艺 / 徐昊编著 . —福州：福建科学技术出版社，2020.6

ISBN 978-7-5335-6167-3

Ⅰ . ①松… Ⅱ . ①徐… Ⅲ . ①松属－盆景－观赏园艺 Ⅳ . ① S688.1

中国版本图书馆 CIP 数据核字（2020）第 086167 号

书　　名	松树盆景造型与养护技艺
编　　著	徐　昊
出版发行	福建科学技术出版社
社　　址	福州市东水路 76 号（邮编 350001）
网　　址	www.fjstp.com
经　　销	福建新华发行（集团）有限责任公司
印　　刷	福州德安彩色印刷有限公司
开　　本	700 毫米 ×1000 毫米　1/16
印　　张	12
图　　文	192 码
版　　次	2020 年 6 月第 1 版
印　　次	2020 年 6 月第 1 次印刷
书　　号	ISBN 978-7-5335-6167-3
定　　价	68.00 元

书中如有印装质量问题，可直接向本社调换

我与松树盆景（代序）

　　家乡山前多古松，儿时所见，皆巍然挺拔。每逢建筑新居，伐做梁柱，其中最直的那一棵，往往被选作栋梁。

　　每当冬雪降临，重逾千钧的积雪压在树冠上，松树仍然不折不弯，毅然挺立，此时，耳旁便会响起陈毅元帅的诗："大雪压青松，青松挺且直。要知松高洁，待到雪化时。"松树刚正不阿的精神形象便渐渐地烙印在脑海里。

　　松树喜欢往高处生长，沿着山脊直达峰顶，成片成林。它们生性豪放，不畏霜雪严寒，不惧风吹雨打，总是豁达地伸展劲枝，迎接第一缕阳光的到来。

　　在那光秃的奇峰危崖上，是奇松的家园，松树会深深地扎根于岩缝石隙之中，渐渐地撑起一片蔚蓝的天空。狂风暴雨中高歌搏击，它们相信阳光总在风雨后；霜雪降临时默默坚守，它们知道春天并不遥远；时光荏苒，它们始终守望着这片专属的天地，一任岁月沧桑印迹在生命里，锻造着那份坚贞的傲骨雄姿，谱写出一曲曲壮美的生命之歌！

　　我自幼爱草木，看着自己亲手栽种的花草树木从春风里醒来，发芽生长，开花结果，心中便有莫名的欢喜。

　　1980年高中毕业后，回山乡参加生产队劳动，农忙之余，看到漂亮的植物树桩，便会将其挖回家，种在废弃的旧砂锅和旧瓦罐里，或自制水泥盆栽种，这是我盆景人生的开始。

1981年的冬天，偶尔看到《浙江日报》上刊登了安吉陈声宇先生栽种盆景的事迹报道，我立即相邀了几个伙伴，步行数十里，前去参观学习。

　　陈先生的家也是山居，和我家相隔一座大山，这座山是南天目的主峰，我家住在山南的半山腰中，他家就在山北的峡谷里。清澈的泉水从他家的门前潺潺流过，随着地形起伏的院子里满满地摆放着各种树桩盆景，其中最为夺目的就是那些松树盆景。松树的高低大多在一米以内，鳞皮龟裂，树干苍古，枝丫转折盘曲，形成天然的枝片，短簇的针叶在阳光的照耀下闪着苍翠粼粼的波光。这些松树尽管矮小，却有着百年古松的形神，煞是好看。

　　我问陈先生这是什么松，是从哪里弄来的。当时他也不知道叫什么松，是前不久从龙王山的峰顶采下来的。只见松针特别浓翠，老干褐如倔铁，反正感觉比常见的松树都要长得"黑"，猜想就是传说中的"黑松"吧。

　　后来才知道这些松树和家乡山前那些高大的松树就是同一个品种，由于生长在悬崖绝壁当中，历经百年岁月高仅盈尺，自古就被视为盆景素材中的珍品，而且有一个远古而响亮的名字——天目松。

《江山》（天目松，48厘米×59厘米，徐昊）

龙王山是天目山脉的最高峰，就在我家的西北方向，站在距家不远的冈岭上举目望去，远山苍莽，明灭于云聚云散之间。

时值寒冬，家门口的积雪在连日的阳光下渐渐融化，我便急不可待地要求父亲陪我去龙王山采天目松。父亲说山中尚有积雪，可能上不去。我硬是不依，父亲拧不过我，只得陪我前往。

去龙王山要穿过一条峡谷，因此先是往山下走，直达谷底，然后再向着对面的山上攀登，有些路段特别陡峭，往往要借助双手的力量攀爬行进。历经三个多小时的行走，终于来到山冈一个较大的平坡，眼前一片银装素裹，积雪深度还有十多厘米，这里散散落落地分布着一个人口不多的山村。询问当地村民得知，距离采松的龙王山主峰还有一个多小时的路程，这是在天气好的情况下。此时山中都是积雪，主峰的海拔比这里高很多，积雪会更厚，根本无法登上主峰，于是只能无功而返。

第二年春风回暖，冰消雪融，我终于如愿登上了龙王山峰顶，也收获了满满的天目松素材。至于第一次采松的感受，记得我在《天目之松》一文中曾如是记载："第一次登上峰顶，身傍奇松异姿，放眼层层松林，脚踏茫茫云海，站在崖石上，云雾没足，置身其间，犹如腾云驾雾。倏忽间，清风徐来，渐然响起了松籁。随着风速加快，天籁之音由轻及重，顷刻间如大海波涛，如万马奔腾，气势恢弘！转瞬之间，云消雾散，才发现我竟是站在崖口，眼前是危崖断壁，百丈深谷，不禁令人惊心动魄……"如此壮美境界，若非身临其境，是很难感受得到的。

由于特别喜欢这些矮小苍古的天目松，也喜欢那里的风景，我曾十多次去过龙王山峰顶。只要是星期天或寒假期间，父亲都会伴我同行。

父亲曾就读于浙江艺校，深谙音律。时值国家困难、号召"挑重担"之际来到山乡教书，一待数十年，青葱成桑榆。虽然身处深山，但他总是忘不了音乐，晨曦暮霭中，时常会看到父亲站在屋外拉小提琴的身影，悠扬的音乐声袅袅升起，回荡在绿水青山中……花开花落间，我仿佛能从音乐声中感觉得到一条节奏跳跃的线，穿过树林，越过山冈，飞向无限的远方……音乐让我对线条的认识有着别样的感觉，使我在后来的盆景创作中受益良多。

最艰苦的一次采松经历，也是父亲陪着我一起去的，时间记得是1983年元旦，同去的还有陈声宇先生和马其和先生。此前我们三人曾去龙王山采松，每人都看好一棵中意的素材，由于它们都生长在悬崖绝壁的断层当中，徒手无法攀及，因此约定元旦那天带上绳索和铁钎等工具再去。那天凌晨四点多，四人一同借助手电筒的照明从我家出发。来到山顶村落后，我们将手电筒等一些采松时用不到的物件放置在一户熟悉的村民家中，带上必备的工具和干粮出发。

一个多小时后行至峰顶，借着带来的绳索攀援至悬崖断层处，相互协作着将先前看好的素材从石缝中逐一挖出，然后带着各自收获的素材返回峰顶，不知不觉间已是下午四点半了。冬季的天黑得早，此刻已经天色向晚，更为糟糕的是白天还是艳阳高照的天空，此时却乌云滚滚而来，瞬间便下起了鹅毛大雪。

从峰顶下到林间，地上已经有数厘米的积雪，天空也拉上黑暗的帷幕，伸手不见五指。

林中本无路，仅一条先前采松人踏出来的羊肠小道，途中还有多处悬崖沟壑，非常险峻。父亲背着所有的工具，其余人各自背着七八十斤（35—40千克）重的树，凭着脚步踩踏在地上的感觉，缓慢地向着山顶村落的方向行进。马其和先生爱抽烟，口袋中尚剩余几根火柴，放在胸口不使受湿，每走过一段路程，便划亮一根火柴，确定是否行走在路上。黑暗、积雪、陡峭的小道，每个人都不知摔倒过多少次，但谁也没有丢掉肩上的树，终于听见广播中传来国际歌的音乐声（那时晚上八点半广播结束时播放的音乐），我们回到了寄放东西的农户家。

《望岳》

（五针松，118厘米×92厘米，徐昊）

　　纷飞的雪，依然飘飘洒洒，村民早已进入了梦乡，山村一片静寂。

　　此时每个人的衣服从外到内都已湿透，真可谓饥寒交迫。农家知道我们没有回来，摆放东西的小屋没有上锁（山村旧时的厨房兼作烤火之用，由于烧柴烟大，因此大多是与主屋分开的），我们进屋后赶紧生起火堆，围着火塘边取暖边烘烤湿透的衣服。看了看装饭的淘箩里仅剩的一大碗冷饭，把它放入锅中煮成稀饭，每人分得一小碗充饥，并将一元钱和一斤（500克）粮票放在淘箩里以作饭资（那时山区的粮食像城镇居民一样，是定量供应的，一斤米一角三分钱加一斤粮票，一大碗米饭约半斤米）。

　　经过数小时的休整，第二天凌晨五点左右，我们打着手电再次出发，从山头行至谷底天已放亮，大家分道各自回家。我和父亲扛着树向山中的家继续攀登，回到家中已经是上午十点多了。

　　那次经历太过艰辛，当时我曾发誓再也不去龙王山了，但终究抵不住天目松的诱惑，后来还是去过多次，直到1985年龙王山成为省级自然保护区，我也一路从山里来到县城和湖州从事盆景工作，自此 20 多年未曾涉足。但那些曾经艰苦的经历，数十年后仍历历在目，那里的壮美景观和千姿百态的松树形姿却深深地铭刻在我的心里，那里的松声时常在耳畔回响，成为我心中美好的记忆，一直伴随着我的盆景人生。

二十多年后，那种萦绕于心的念想越来越强烈，总是想着再去看看那里的松树，于是便偕同夫人和儿子、约了画家钟文刚先生一行前往，去观赏体验那里的松林景观。

此时的龙王山早已开发成旅游风景区，汽车已能直达山上，去往山峰的路已修建成宽阔的步行道，登至峰顶仅需二十几分钟的时间。山中自然失却了旧时的荒寂空明，多了游人的嬉闹声。

来到峰顶，曾经触摸过的那些松树依然展现着它们不屈的雄姿，山峰仍旧那么雄伟险峻。俯窥险绝处，我仿佛看到了自己当年的影子……

由于对松树生境和习性的了解，平时也积累了一些松树的人文认知，因此在我的盆景生涯中，往往偏执于松树创作，尤其喜欢天目松盆景。不仅因为它是我家乡的树，更因为它那儒雅而不失坚贞的本性。

每当我拿到一件中意的素材时，心中立即会勾勒出松树的形象，作品的境界及作品想要表达的精神风貌就会在眼前不断地闪现，我就会边创作边想象。整个创作过程就是一个心游的过程，也是忘我而快乐的过程……

受福建科学技术出版社之约，加上我也乐意将我对松树盆景的认知和盆景爱好者分享，故应允撰写了本书。限于学识水平，管窥之见难免谬误，还望方家不吝指正。

徐昊

2019 年 11 月 2 日

目录 C O N T E N T S

一、松树盆景历史沿革

在自然界众多的植物中，松被尊为百木之长，它扎根于最贫瘠的峰头崖尖，俯察万类沧桑，仰观宇宙浩渺，岁历千载而不凋，饱经风霜而不折，其精神深得世人称颂。孔子曾曰："岁寒，然后知松柏之后凋也。"荀子说："岁不寒，无以知松柏；事不难，无以知君子。"先哲对松树的寄意和歌咏，

崖上古松风骨

确立了松树人格化的地位，因此，历代文人雅士往往以诗词歌咏松树的品性，或以松入画，借松言志，栽松寄情。

由于盆景艺术的特殊性，松树盆景究竟源于何时，其早期面目如何，实物无从考证。较之书画艺术，中国盆景艺术的发展历史中，理论研究和文字记载相对较少。盆景是有生命的艺术品，实物不易传承，盆栽、盆景的历史发展轨迹，都是通过诗词、绘画，以及一些文人雅士的记事得以传承，我们只能从中窥其端倪。

（一）唐宋松树盆景

最早出现松树盆景的文字，是唐代李贺所题《五粒小松歌》，诗中写道：

蛇子蛇孙鳞蜿蜒，新香几粒洪崖饭。
绿波浸叶满浓光，细束龙髯铰刀剪。
主人壁上铺州图，主人堂前多俗儒。
月明白露秋泪滴，石笋溪云肯寄书。

诗中描绘的松树盆景盘曲苍古，满身鳞甲的枝干如龙蛇腾跃，经攀扎修剪的枝叶整齐成片，而且养护得满叶绿波浓光。这和北宋画家张择端的《明皇窥浴图》中所绘松树盆景相仿。《明皇窥浴图》所描绘的是唐明皇李隆基和杨贵妃的故事，在画面的右下角显著位置摆放三件盆景，其中一盆松树盆景尤为显眼，画虽作于北宋，其形式和李贺诗中描绘的松树盆景遥相印证，说明早在唐代，已经具有通过攀扎修剪，将松树微缩成景的能力，并且深受王公贵族的喜爱。

由于松树高洁的品性和人格化的形象，植松作盆玩以寄情养性，成为文人士大夫的赏心乐事。南宋状元王十朋喜好松树盆景，有一次朋友给他送来一棵高山岩间采得的松树，高不盈尺，他如获珍宝，立即用瓦盆栽种，欣赏陶醉之余，提笔写下了《岩松记》。其中写道："友人有以岩松至梅溪者，

《明皇窥浴图》（北宋张择端） 南宋佚名《梧荫清暇图》中的松树盆景

异质丛生，根衔拳石茂焉，非枯森矣，非乔柏叶，松身气象耸焉，藏参天覆地之意于盈握间，亦草木之莫奇者……"　"岩松"即天目松，生长在悬崖峭壁石缝中的天目松虽生长百年，仍有高可盈尺，小中见大之物。而王十朋的《岩松记》，在中国盆景历史中留下了一个深深的印记，为以后盆景历史的研究留下了重要线索。

　　宋代是一个注重文化的时代，经济发达，文化繁荣。作为形成于唐代的盆景艺术，在宋代得到重视和发展，也势所必然。南宋吴自牧所著的《梦粱录》一书也有记载："钱塘门外溜水桥，东西马塍诸圃，皆植奇松异桧，四时奇花，精巧窠儿，多为龙蟠凤舞、飞禽走兽之状，每日市于都城，好事者多买之，以备观赏也……"　"窠儿" 是当时杭州话对盆景的称谓。从文中记载可知，南宋都城杭州，已有专门从事盆景制作的园圃，品种以松柏为主，每天都拿到城中售卖，喜欢的人每每会买回去观赏。由此看来，到了宋代，盆景不仅仅是"旧时王谢堂前燕"，已经进入了寻常百姓的生活，松柏在当时也是盆景的主要树种。

宋代《十八学士图》中的松树盆景

通过诗词歌咏和绘画中盆景的呈现，我们对当时松树盆景的制作水平和流行情况有了一定的了解。唐宋时代已经对树木的盘曲矮化有了一定的控制能力，那时的松树盆栽已经具有小中见大、微缩自然的盆景意趣。

（二）元明松树盆景

到了元代，盆景被称之为"些子景"，元代文人画的盛行对盆景创作产生了积极的影响。盆景本来就是士子心中的山林之乐和寄情之物，他们自然也将情感意趣注入盆景创作之中。而松树的秉性以及先贤赋予的人文精神，使之更宜表达文人或入世担当或独善孤行的思想情感。元代画家李士行所绘的松树盆景《偃松图》，便是一件具有主观意趣的文人盆景。

明代盆景理论的相继问世，标志着盆景艺术逐渐走向成熟。松树盆景依然是首选材料，尤其文人对松树盆景更是情有独钟，如明代著名戏曲作家、养生学家高濂在他所著的《遵生八笺·高子盆景说》中写道："如最古雅者，品以天目松为第一……"关于松树盆景的欣赏，高濂如是说："时对独本者，若坐冈陵之巅，与孤松盘桓；其双本者，似入松林深处，令人六月忘暑。"欣赏盆景关注形式与意境、内涵的完美结合，说明当时的盆景创作和审美已经发展到一个较高的境界。

高子盆景说

高子曰：盆景[註]之尚，天下有五地最盛：南都、蘇、淞二郡，浙之杭州，福之浦城，人多愛之。論值以錢萬計，則其好可知。但盆景以几桌可置者爲佳，其大者列之庭榭中物，姑置勿論。如最古雅者，品以天目松爲第一，惟杭城有之，高可盈尺。其本如臂，針毛短簇，結爲馬遠之欹斜詰曲，郭熙之露頂攫拿，劉松年之偃亞層叠，盛子昭之拖拽軒翥等狀，栽以佳器，槎牙可觀，他樹蟠結，無出此制。更有松本一根二梗三梗者，或栽三五窠，結爲山林排匝，高下差參，更多幽趣。林下安置透漏窈窕昆石、應石、燕石、臘石、將樂石、靈壁石、石笋，安放得體。時對獨本者，若坐岡陵之巔，與孤松盤桓；對雙本者，似入松林深處，令人六月忘暑。除此五地，所產多同，惟福之種類更夥。若石梅一種，乃天生形質，如石燕石蟹之類，石本發枝，含花吐葉，歷世不敗，中有美者，奇怪莫狀。此可與杭之天目松

遵生八笺·起居安樂笺
上卷
三二

《遵生八笺·高子盆景说》（明代高濂）

明代成化《御花园赏玩图》中的松树盆景

明代朱端《松苑闲吟图》中的松树盆景

文人结合画理创作盆景，注重盆景的主观意象和诗情画意的表达成为一种时尚。明代竹刻世家的朱小松和朱三松父子也擅长制作盆景。程庭鹭在《练水画征录》中评论说："小松能以画意剪裁小树，供盆盎之玩……"小松盆景父子相传，

明代蔡汝佐《图绘宗彝》中的松树盆景

陆延灿在《南树随笔》中介绍说："邑人朱三松，模仿名人图绘，择花树修剪，高不盈尺，而奇秀苍古，具虬龙百尺之势，培养数十年乃成。或有逾百年者，栽邑盆盎，伴邑白石，列之几案间……俨然置身长林深壑中。"

明代盆玩之风盛行，也使之更多地出现在绘画中。明代仇英所绘《春庭行乐图》中的松树盆景，制作非常精美，形式塑造符合松树的自然形象特征，结构线条具有书画的美感，注重盆面地貌的点石布置，使之更具自然之趣和艺术表现力。尽管文人的描绘是经过润色美化的，却也反映了当时他们对盆景的审美标准。文人的审美恰是一种时尚，足以引领盆景艺术的提高和发展。而同期产生的一些盆景创作理论，对之后的盆景发展也产生了积极的影响，尤其倡导松树盆景结合画理、追求意境美的创作方法，在松树盆景的创作中得以践行，在后来的绘画中往往可以看到这样的松树盆景。

《松竹梅石盆景图》（明代陈洪绶）

（三）清民国松树盆景

清代是盆景的进一步成熟和普及期，社会各阶层都以玩赏盆景为乐，以此修身养性、趋雅避俗。清代园艺学家陈淏子有云："山林原野，地旷风疏，任意栽培，自生佳景。至若城市狭隘之所，安能比户皆园？高人韵士，惟多种盆花小景，庶几免俗。"

家里种上几盆诗情画意的盆景，坐享山林之乐，成为一种生活美学。清代的文人绘画中，更多的出现各类盆景的身影，就连日常生活用瓷和建筑装饰中，也时不时地绘上盆景图案，可见盆景的流行程度。而松树盆景依然为众树种中的翘楚，《盆景偶录》列黄山松（即天目松）为七贤之首，文人雅士都喜欢侍弄松树盆景。

清代佚名《雍正行乐图册》中的松树盆景

清代丁观鹏《宫妃话宠》局部图中的松树盆景

李符的《小重山·盆景》词云：

> 红架方瓷花镂边。
>
> 绿松刚半尺、数株攒。
>
> 斸云根取石如拳。
>
> 沉泥上，点缀郭熙山。
>
> 移近小阑干。
>
> 剪苔铺翠晕、护霜寒。
>
> 莲筒喷雨算飞泉。
>
> 添香霭，借与玉炉烟。

清代麟庆《鸿雪因缘图记》园中摆放松树盆景场景

又有龚翔麟在其《小重山·盆景》词中写道：

三尺宣州白狭盆。

吴人偏不把、种兰荪。

钗松拳石叠成村。

茶烟里，浑似冷云昏。

丘壑望中存。

依然溪曲折、护柴门。

秋霖长为洗苔痕。

丹青叟，见也定销魂。

清代姚文瀚《摹宋人绘图》中的松树盆景

这两阕词，写的都是松树附石盆景。作者看到了松树盆景佳作喜不自胜，当即歌以咏之，并且感叹道："就算是资深的老画师看到如此美好的盆景，也一定会为之销魂啊！"

晚清至民国百余年间，外族入侵和连年的战乱造成国力衰弱，民生颠沛流离，盆景的传承和发展深受影响。

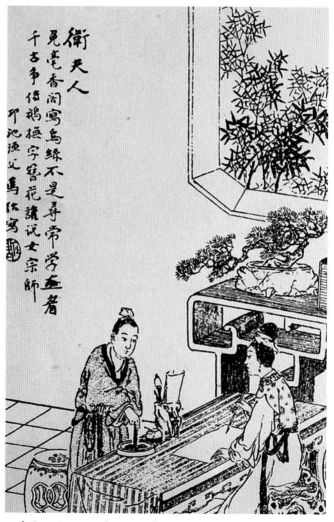

清末民初马骀《卫夫人》图中案头陈列的松树盆景

（四）新中国松树盆景

中华人民共和国成立后，政府对盆景这一传统文化采取了保护和发展的方针，各大城市园林部门先后成立了盆景园，将民间遗存不多的盆景收归国有，供人民大众欣赏观摩，并组织专业人员从事盆景研究和创作。这些盆景人刻苦钻研，继承传统，勇于创新，使得这一优秀的传统文化艺术重新焕发新生，也为之后的盆景复兴打下了良好的基础。

其间的松树盆景以日本引进的五针松为主要材料。五针松针叶短簇，适合制作小中见大的盆景。浙江奉化气候条件适宜，于清末引进五针松培育繁殖，是五针松的主要栽培生产基地，拥有大量的五针松素材。沿海地区的浙江、上海、江苏有着天时地利的条件，所以这一时期的松树盆景主要分布在这一带。尤其是浙江的杭州、温州两地的国有盆景园，更是以五针松为主要素材。这一时期浙江松树盆景创作的代表人物是潘仲连和胡乐国。

潘仲连从传统盆景理论文化中汲取精华，一改晚清以来流行的S形的柔性线条和程式化的造型模式，以丰富的线条来表现深邃的意蕴和内涵。他崇尚作品的民族精神和时代气息，认为作品即是作者志向和情感的体现，是心化的自然，提倡浙江盆景取材以松柏为主、杂木为辅，并对松树盆景的形式表现进行了大胆的创新，主张松树盆景在形式塑造上，应还其本来应有的阳刚之气。

潘仲连的作品以高干、合栽为基调，薄片结扎，层次分明；在线条的处理上强调曲直、顺逆、软硬、长短穿插互用，注重线条的节奏变化。他不求细枝末节的谨小慎微，注重作品内涵和气韵的把握，因此，他的作品气势宏伟，骨力纵横，意蕴深邃，充满雄健豪迈的时代精神，蕴含浓郁的东方书卷气息，开创了松树盆景一代新风，对当代松树盆景的创新和发展产生了积极的影响。

松树盆景的另一个代表人物胡乐国，他的早期作品严谨稳健，制作精细，布势奇巧，结构疏密有致，枝势舒展，线条节奏明快流畅。他善于把握松树

《刘松年笔意》（五针松，潘仲连）

《向天涯》（五针松，胡乐国）

的本质特点，使作品表现出凌凌清刚之气和意境气象之美。

胡乐国退休以后仍坚持对盆景的研究和创作，品种仍偏执于松，渐至数百盆，耄耋之年仍勤耕不辍，追求更加自由洒脱的表现手法，他根据文人画意和平原古松的形貌特点，总结倡导松树盆景的高干垂枝法，丰富了松树盆景的创作手法和表现形式。

改革开放后，随着商品经济的发展，人民物质生活水平得到了极大地改善和提高，盆景艺术在民间迅猛地发展起来，由原来的国有盆景园一统江山的格局逐渐向民间发展，私家盆景园也悄然兴起。松树盆景以其长寿、四季常青等诸多优点以及其所承载的人文精神，成为盆景创作的主流树种之一，影响波及全国。各地区的盆景人或就地取材，或选择当地气候环境适应的松树品种进行栽培创作，如广东地区利用本地的山松资源，通过累年的实践探索，积累了丰富的栽培和制作经验，创作出一大批优秀的山松盆景佳作。安徽、山东等地则利用当地的黑松和赤松资源，大量发展松树盆景，也取得了不俗的成绩。浙江、江苏、上海在原有五针松盆景的基础上，也大量应用黑松、赤松、马尾松等品种进行盆景创作，使当今的松树盆景树种多样化，形式千姿百态。

松之为盆景，历史悠长，发展至今依然稳居"百木之长"的地位。盆景人在继承优秀传统的基础上与时俱进，将人文与松树的习性结合起来，赋予松树作品超凡的风骨和高尚的品格，使作品的意境更深远，内涵更丰富，个性更鲜明。

《苍虬》（马尾松，138厘米×192厘米，徐昊）

二、盆景常用松树品种

（一）天目松

　　天目松（黄山松、台湾松，*Pinus taiwanensis* Hayata），松科松属乔木，中国特有树种，分布于浙江、安徽、江西、福建、湖南、湖北、台湾等地。天目松喜光、耐瘠薄，喜凉润的高山气候，生长在海拔 600 米以上的山坡冈

天目松针叶特别翠绿油亮

岭之上。树高可达 30 米,胸径 80 厘米;树皮深灰褐色,裂成不规则龟甲状厚块或鳞状薄片。老树树冠平顶,枝平展,一年生枝淡黄褐色或暗红褐色。针叶 2 针一束,稍硬直,深翠绿色有光泽,长多为 7—10 厘米,粗约 1 毫米。冬芽深褐色,卵圆形或长卵圆形。

天目松喜欢在花岗岩的石罅中生根落脚,它的新根能不断分泌一种有机酸,慢慢溶解花岗岩,把岩石中的矿物盐分解出来为己所用。因此,在天目松分布区的峰头崖尖或悬崖峭壁上,往往可以见到它们的身影。这些

天目松扭转的肌理和龟裂的树皮

地方的松树生长缓慢,数十年乃至数百年的老树,也仅"高可盈尺,本大如臂",这就是制作天目松盆景的材料,自古被视为盆景制作的良才。

(二)日本五针松

日本五针松(简称五针松,*Pinus parviflora* Sieb. et Zucc.),松科松属乔木,高可达 30 米,最大胸径 1.5 米。幼树树皮淡灰色,平滑,至 30 年树龄主干表皮开始脱落,逐年延至树枝,其后树皮裂成灰褐色鳞状块片,非常美观。枝平展,树冠圆锥形,新枝嫩时绿色转黄褐色。针叶 5 针一束,微内弯有紧束感,长 3.5—5.5 厘米,大多变种粗不及 1 毫米,内腹具明显的

五针松针叶短簇,呈银灰色

银灰白色气孔线。五针松属温带树种，喜生于山腹干燥之地，忌湿热。以微酸性砂质壤土最为合适。

五针松原产地日本，因其针叶短簇，日本园艺界往往以播种繁殖，从中选取优秀的变种，广泛用于盆景制作和庭园景观树的造型。

五针松在我国常见的为两个优秀变种，先后于晚清和民国时期引进，分别被称为五针松和大阪松。

五针松鳞皮

五针松于清末由浙江宁波地区率先引进，宁波的三十六弯山区坡地特别适合五针松的生长，因此被大量嫁接繁殖。由于五针松这个变种的针叶气孔线特别发达，苍翠的针叶叶腹银灰色尤为明显，因此被称为"银五叶"。

大阪松也是五针松的一个优秀变种，新芽特别密集，针叶较寻常五针松粗壮且向内弧曲，特别紧密，冬天叶尖呈金黄色，因此被称作"金五叶"。大阪松于民国时期由日本商人运来中国上海进行盆景贸易，上海植物园就

大阪松针叶粗而向内弧曲，冬天叶色绿中泛金黄色

有那时留下来的百余年树龄的大阪松盆景。至 20 世纪 80 年代中期，又从日本引进过一批大阪松品种，在宁波地区大量嫁接繁殖，浙江宁波的三十六弯和北仑等地为我国五针松素材的主要产区。

20 世纪国内流行的五针松盆景主要就是这两个变种，浙江则以"银五叶"为主要素材。目前随着中日盆景贸易的增加，一些实生五针松盆景也被大量引进，但大多叶性表现不及上述两个变种优秀。

《和云蔼》（五针松，79厘米×86厘米，徐昊）

（三）黑松

黑松（白芽松，*Pinus thunbergii Parl.*），松科松属乔木，高可达 30 米，胸径可达 2 米，枝条平展，树冠宽圆锥状或伞形。幼树树皮暗灰色，老则呈灰黑色，蜕皮粗厚紧密，易裂成不规则块片陈年堆积，形成厚实的斑块。一年生枝淡褐黄色，冬芽银白色，圆柱状椭圆形或圆柱形，顶端尖。针叶 2 针一束，深翠绿色，有光泽，特别粗硬，长 8—12 厘米，径 1.5—2 毫米。黑松生性喜光，

黑松针叶粗硬

耐干旱瘠薄。适生于温暖湿润的海洋性气候区域，最宜在土层深厚、土质疏松，且含有腐殖质的砂质土壤处生长，抗病虫能力强，寿命长。

黑松原产日本及朝鲜南部海岸地区，我国大约于六七十年前引进在浙江以北的沿海地区飞播造林，以山东、安徽及苏北地区出产最多。

黑松既能耐受北方的寒冷，又能适应南方湿热的环境气候，造型制作可塑性强，广泛用于盆景制作和庭园景观树的培养，被称为松树的"全国粮票"。其生性雄健粗犷，被盆景人誉为"男人松"。

黑松冬芽呈银白色，故又称白芽松

黑松老皮呈灰黑色，斑块厚实紧密

《天语》（黑松，105 厘米 ×126 厘米，徐昊）

（四）赤松

赤　松（*Pinus densiflora* Sieb. et Zucc.），松科松属乔木，高达 30 米，胸径可达 1.5 米，枝平展形成伞状树冠，树皮呈赤褐色，蜕皮薄而紧密，因此陈年老皮堆积较厚，不规则深裂，老树易形成漂亮的龟板纹。当年新枝淡黄色或红黄色，嫩枝表面微有白粉状，冬芽暗红褐色，卵圆形或圆柱形。针叶 2 针一束，长 5—12 厘米，径约 1 毫米，叶较短而细软，淡翠绿中带有灰白的颜色，因此相对光泽较差。

赤松针叶细而柔软，淡翠绿中带有灰白的颜色

赤松耐寒，喜光照，不耐湿热，在沙质的中性土、酸性土中均生长良好。在贫瘠多石的山脊上生长较慢，树干苍老而多弯曲，是优秀的盆景用材。

赤松分布于中国黑龙江东部、吉林长白山区、辽宁中部至辽东半岛、山

赤松暗红褐色的芽

赤松具有盘曲的主干和漂亮的龟板纹树皮

东胶东地区。日本、朝鲜、俄罗斯也有分布，喜生长于沿海山区及平原地区。我国长江中下游地区已引进栽培多年，适应性良好，经盆栽多年成型的赤松盆景，叶长仅5—6厘米，枝叶紧密，比例协调，非常美观。赤松枝柔叶细，在盆景界被称作"女人松"。

（五）油松

油松（ *Pinus tabuliformis* Carr. ），松科松属乔木，高达30米，胸径可达1米。树皮灰褐色，裂成不规则鳞片状堆积成块。大枝平展或斜向上，老树伞状或平顶。针叶2针一束，深绿色，粗硬，长10—15厘米，径约1.5毫米。油松喜光，耐瘠薄，在土层深厚、排水性好的酸性、中性或钙质黄土上均能生长良好。

油松为中国特有树种，产于吉林、辽宁、河北、河南、山东、山西、内蒙古、陕西、甘肃、宁夏、青海及四川等省（自治区）。油松为典型的北方松树品种，能耐—25℃低温，因此可成为北方松树盆景和庭园景观树的优选素材。目前长江中下游地区也有引进素材制作盆景和庭园景观树，其习性与赤松相仿。

油松针叶粗而长，大多呈扭卷状　　　　　　　油松鳞皮

（六）马尾松

马尾松（山松，*Pinus massoniana Lamb.*），松科松属乔木，高可达45米，胸径1.5米。枝平展或斜展，树皮呈赤褐色，薄而不规则开裂，陈年老皮比较松散，触之易落。针叶2针一束，长12—20厘米，粗不及1毫米。叶细软，呈淡翠绿色，具光泽，隔年老叶呈松散下垂状。冬芽赤色，圆柱形。

马尾松一般喜欢生长在海拔600—700米以下的丘陵地区，喜温

马尾松针叶淡翠绿，特别细软

马尾松鳞皮

云南马尾松苍古的树干和粗长的针叶

热的环境，不耐高寒，因此在东南沿海分布极广。北自河南、安徽及山东南部，南自两广、湖南、台湾，西至四川中部及贵州均有分布。20 世纪以前，丘陵地带的马尾松经常被砍作柴烧，因此山中多马尾松矮桩，这些矮桩苍古而多变化，用于制作中大型盆景，其枝干的表现尤为突出，目前在长江中下游地区广为应用。由于马尾松不畏湿热，也为岭南地区松树盆景的主要用材。

　　另有云南马尾松，产于云南高原，老树主干往往呈现弯曲扭旋之状，树皮龟裂开片紧密而厚实，非常漂亮，唯小枝粗而疏，针叶比寻常马尾松略粗，且长而软，云南地区多年来也用作盆景素材。近年，也有沿海及岭南地区的盆景人引进素材进行培养，是否适合低海拔地区生长，尚待时日实践。

《古翠》（马尾松，92 厘米 ×125 厘米，徐昊）

三、松树盆景素材培养

（一）常用品种播种苗培

　　黑松生性强健、耐攀扎修剪，五针松针叶短簇、形姿美观，这两个品种既适合制作小微盆景，也适合制作中型和大型盆景。黑松和五针松，常用播种育苗方式培养盆景素材。通过播种繁殖，定向培养，可获得各种规格大量的盆景素材，适宜于盆景的规模化生产。

实生五针松

　　黑松、五针松播种苗培方法基本相同，但五针松播种繁殖苗生长缓慢，可用盆栽培养，使其边造型边长粗长高。日本园艺界常用播种法选育五针松优秀变种，也惯用实生五针松制作盆景。盆栽数十年的实生五针松其粗度也不过5—6厘米，少有超过10厘米的，这也正是其作为盆景素材的优点所在。

实生五针松制成的作品
（《天伦》，80厘米×62厘米，徐昊）

（1）播种时间

3月下旬至4月初，此时松树种子开始萌动，播种发芽快，出芽率高。过早播种出芽等待期长，反而会影响出芽率，也不利于苗期管理。

（2）种子消毒及唤醒催芽

播种前，需要对种子进行消毒和唤醒催芽处理。消毒可用0.2%多菌灵溶液，或0.2%—0.4%高锰酸钾溶液，或0.1%甲基硫菌灵溶液，方法是：将种子放入准备好的消毒溶液中浸泡1—2小时，然后取出种子，放入准备好的温水中，使之渐至常温；浸泡24小时左右，将种子取出，晾至种子表面微干即可播种。

黑松种子

（3）容器育苗

少量育苗，可用泡沫箱、花盆及专用播种盘等容器进行播种。播种前，根据容器深浅情况，铺垫厚度在5厘米以上的河沙，并将沙面抹平，以百菌清等杀菌剂溶液喷洒消毒；将处理好的种子均匀播于沙面，并将种子轻压嵌入沙中与沙面平，然后覆盖厚约0.5厘米的一层河沙（以见不到种子为度），洒水淋透沙土；放置在大棚或散光背风处，平时保持沙土的润泽，1—2周后种子便出芽生根了。

黑松种子出芽

（4）地床育苗

如果大量播种育苗，以地床播种为宜。将土地整理成 1 米宽左右的地床，地床的长度根据播种的数量确定。为了便于管理，地床长度一般在 10 米以内。根据播种数量，可整理一畦或多畦地床。将地床整平后，铺上厚 20 厘米左右粗细适中的河沙作基质。先将沙床淋透水，待稍干后再整平沙面，用杀菌剂对沙床进行喷洒消毒，然后将处理好的种子均匀地播撒在沙床上。种子之间要有适当的间距，留足种子出芽长叶的空间。用木板平面镇压种子，使种子嵌入沙中，再以河沙覆盖种子，厚度约 0.5 厘米，以不见种

大面积地床育苗

子为度。最后洒水浇透，以小弓棚覆膜保温保湿。

（5）遮阴与控温

整个育苗床上方需要用遮阳网覆盖，以防阳光直射，小弓棚内温度骤升而造成烧苗。遮阳网要可收可放，以便根据天气变化调节光照和温度，也便于拆棚炼苗。每天检查苗床湿度和温度，及时洒水和掀开薄膜两头通风降温，以保持育苗棚内温度不超过 30℃。

（6）幼苗管理

大约播种 1 周后开始出芽，15—20 天芽都已长出，并逐渐脱掉种壳，展开子叶，此时可逐渐增加覆膜的打开次数和打开面积，直至完全拆掉覆膜，以利小苗逐渐适应自然环境。中午阳光直射时，需适当遮阴，以防灼伤嫩芽。

（7）适时分植

大约播种后月余，要将密播的幼苗进行分植。分植可以地植，也可以用直径6—8厘米的容器袋种植。一般培育盆景素材的小苗，还是以容器袋种植为佳，以方便日后修剪造型。

（8）苗圃地床整理

地床的宽度以1—1.2米为宜，地面要平整。将地面下15—20厘米的土层挖松、碾细，用作苗袋培养土，使苗床与路埂持平，或略低于路埂，以便日后漫灌浇水。如地势低，要开设排涝沟，以防久雨积水。将种植袋装满培养土，整齐排列于地床，并将种植袋之间的间隙填满土壤。移栽前杀菌消毒，清除杂草。

将密播的幼苗分植到种植袋中

（9）移栽分植

小心将苗取出，用竹签在种植袋中间插一手指大小空隙，将种苗小心放入孔中（每袋一苗），深度以小苗在原苗床的生长深度为宜，将细土填入空隙，轻轻压实土壤，使根部充分与培养土紧密接触。种植一段距离后即浇定根水，勿使幼苗失水，以免影响成活率。

（10）分植后管理

移栽后的数天内，每日喷水，保持一定的潮润度。大约 1 周后，待幼苗恢复生长，即可减少喷水量，保持土壤微潮即可，以利根须生长。

（11）适时追肥

待幼苗真叶开始生长，可用 500—1000 倍尿素溶液施叶面肥，以促其生长健壮。大面积培育，此时可用漫灌给水。种苗当年正常可长至 20 厘米以上。

幼苗开始长真叶

生长良好的幼苗

一年生黑松苗

（12）小微素材培养

如果用以制作小微盆景，黑松苗长至第二年便可用金属丝将主干弯曲造

起苗造型

攀扎金属丝

将主干弯曲造型（弯曲要紧密一些）

造型后的效果

型（一个生长周期后拆除金属丝即可定型），弯曲可紧凑一些。在生长期适当修剪，促使其长出更多的分枝，以获得大量小微盆景素材。

主干定型后的黑松小盆景素材

春天剪枝逼芽

剪枝逼芽后的效果

苗培素材制作的黑松小型盆景（徐品超）

利用苗培素材创作小盆景（徐品超）

① 素材原貌

② 清理针叶，剪去多余的枝

③ 用金属丝攀扎，并调整树枝的位置和形态

④ 改变树的势态

⑤ 换盆改植，制作完成

（13）中大型素材培养

培育黑松中大型的素材，则要将2年苗从种植袋中取出，进行地栽培育。种植时苗距要大些，至少每平方米一棵或更疏朗一些，或几年后根据长势情况移开疏植。栽种时将树苗略微倾斜，以便日后造型时树势的协调，不至于主干上部弯曲而下部却笔直向上。培养大型素材，造型弯曲跨度也要做得相对大一些。

疏植培养中大型黑松盆景素材

培养中大型素材时造型弯曲跨度要大一些

苗培获得的中型素材

地栽培养中大型素材

（14）备用枝与牺牲枝促发

培养过程中，为了使松树快速长粗，近基部向上都会留有较多的枝条，这些枝条对于今后的造型来说大多数是无用的，因此培养时要根据主干走势情况留准备用枝，并通过修剪促使接近主干处长出分枝，作为备用枝。之后每个枝的主枝先端任其生长，放养为牺牲枝。枝冠越大，树木生长增粗越快，有利于素材的快速增粗。

蓄养牺牲枝

（15）牺牲枝疏剪与备用枝生长控制

在养护过程中，要适时疏去牺牲枝近树干处的枝叶，使牺牲枝向外围空间生长，让近主干造型所需的备用枝得到正常的通风、光照。同时，也要根据生长情况，通过适时摘芽、修剪，控制这些备用枝的生长，不至于因徒长而脱节。

| 清理牺牲枝近主干的枝叶，让备用枝通风透光 | 树干达到理想粗度时，逐步去除牺牲枝 | 经过 20 多年的培养，基部干径达到 20 多厘米，已全部去除牺牲枝 |

（16）培养周期

培育 10—20 年，便可获得粗约 10—20 厘米的中大型盆景素材。

（二）特殊品种嫁接苗培

播种育苗偶然会出现一些优秀的变种，如果再将这些优秀变种的种子进行繁殖，很难保持变种的优秀特性。柏树及杂木是可以通过扦插进行大量繁殖，但松树不那么容易扦插成活，因此往往利用同科植物相互之间的亲和力，进行嫁接繁殖。

（1）砧木选择

松树不同的品种之间都能相互嫁接成活，但黑松抗逆性好，亲和力强，一般都采用2—3年生黑松苗作为砧木。

以黑松嫁接大阪松制成的作品
（《幽涧》，58厘米，徐昊）

（2）嫁接时间及接穗选择

3月中下旬是嫁接的最佳时间，选取隔年生长健壮、4—5厘米长的枝头作接穗，将接穗剪口向上2—3厘米的针叶拔除干净，保留顶端的针叶，以便切削接口。此外，9月下旬开始至第二年早春也可嫁接，只要做好管理措施，嫁接也能成功。

接穗

（3）嫁接

以腹接法嫁接，嫁接时用锋利的嫁接刀在砧木根部向上3—4厘米的主干处，由上而下斜切一刀，切口长度2厘米左右，向干内深0.4—0.6厘米。如砧木较细，一般深度不超过砧木干径的2/5，以保证砧木的成活不受影响，保证嫁接成功。

切削砧木

（4）接穗切削

将接穗剪口削成长2厘米以内的斜面，背面再削一刀略短于正面的斜面，使之形成外边厚长而内边略短薄的楔形削口。

切削接穗的正面（接入时紧贴砧木的接触面）

切削接穗的背面（切口略短于正面）

（5）接穗插入

将接穗正面削口对准砧木切口插入，并对齐外边的形成层，然后用塑料绳片自下而上扎紧接口。扎时不要让接穗移位。

插入接穗

绑扎固定

（6）接穗保鲜

嫁接完成后至接口愈合前的一段时间，主要任务是保持接穗的鲜活。若是起苗嫁接的，嫁接完成后种回地上时将土堆培至接穗的一半处；若是袋植苗嫁接的，嫁接完成后，将其紧密排列放置在地床中，在盆面堆些沙子至接穗一半处，露出针叶和芽尖。带盆嫁接的也可以用竹片弓成矮地棚，覆膜保湿，但要注意棚内温度变化，应保持30℃以内。温度过高时要及时打开两头覆膜，以通风降温。无论采用何种保湿方

培土保湿

法，都要在上方搭建遮阴设施，覆盖一层遮光率50%遮阳网，防止烈日直射造成接穗失水，或棚内温度骤升而造成烧苗。

（7）绑扎带解除与分步剪砧

松树嫁接不同于其他树木嫁接，嫁接时不能将砧木的枝叶全部剪去，要保持正常生长所需的叶面量；否则，全部剪去或留得过少，会造成砧木本身死亡或生长不良，导致嫁接失败。当年中秋以后，可视接穗生长情况将砧木剪去 1/3 左右的枝叶，让接穗接受更多的光照，通风顺畅，促使其生长健壮；同时，及时解除绑扎带，以免形成"掐脖子"现象，影响嫁接苗生长和成苗质量。第二年可再剪去砧木 1/3 的枝叶，以促使接穗获得更多养分，长得更壮些。到了深秋至冬天，再剪去砧木全部枝叶。通过这样逐渐减少砧木枝叶的方法，可始终保持叶面和根须的生长平衡关系，获得健壮的嫁接苗。

嫁接成活后第一次剪砧，并拆除绑扎带

第二次剪砧，五针松开始成长起来

第三次剪砧，剪去砧木全部枝叶

（8）素材攀扎与修剪

嫁接成活3年后，若要定向培育盆景素材，可开始攀扎主干和树枝，确定树枝的去留，以获得优秀的盆景素材。

上盆培养小盆景素材

大型素材地栽培养

（三）山采素材栽种培养

（1）适期采挖

最佳的采挖移植期为2月下旬至3月底前，气温低、生长稍迟缓的地区可适当推迟，最迟大概掌握在新芽拔长之前。这个时期是松树长新根的季节，下山移植后树木能快速生根进入生长期，以免长时间处于非生长期，伤口不能愈合，造成病菌感染而烂根，影响成活。另一个采挖适期为 10—11 月，此时气温适宜，松树进入养分积累期，下山移植后也能较快愈合伤口，长出新根。

（2）适度修剪

松树不同于杂木，采挖时只剪去过长的枝叶，尽量保留多一些叶面量，以利其光合作用，才能使松树获得养分，促使生根和快速恢复生长。如较老的天目松素材往往不剪一枝一叶，直接栽种，待成活造型时再作取舍。松树枝叶留得过少，会影响成活率，即使成活，也会使树干得不到营养供应，造成部分枯干，影响素材品质。

下山桩采挖时尽量多保持叶面量

（3）土壤选择

种植下山桩最好是用花岗岩性的风化沙，或富含沙质团粒结构的土壤，粗粒的河沙也可种植。

（4）伤口处理

种植前需要对伤口进行处理，挖碎的根要锯去破碎的部分，过长的根要截短些。对截疤伤口用红霉素或杀菌剂作消毒处理，或以愈合剂或封口胶涂抹保护。酸性玻璃胶也是封口的好材料，尤其是对大面积创口，用玻璃胶封口后，伤口不渗水、不流油，能够有效地保护创口。

（5）栽种

选择缓坡地或排水较好平地，用围圈堆土种植，以利于排水和透气。较小型的也可直接盆栽。栽种时要边填土边用竹签等工具插实根部土壤，使土壤与根紧密接触，勿使空根。堆土略高于原生长土面部位，促使其近树头部位生发新根。

打开包扎，锯平破碎的断根伤口，涂抹杀菌剂

先用泥土将底部塞实，勿使空根

围圈种植

（6）支撑固定

种好后对于较高的树桩或枝叶较多的，要用撑干加以固定；或用绳子或金属丝以三角牵拉法固定，以防风雨摇晃树桩，影响生根成活。

（7）浇水定根

种植完成后，浇足定根水，以使树根与土壤紧密接触，能够充分吸收到土中的水分。之后管理中，确保土壤润泽，土面干燥发白时要及时浇水。

支撑固定

浇足定根水

（8）栽后管理

栽种松树下山桩无需遮阴保湿，只要根部保持土壤适当潮润即可。由于松树是油脂性树液，通风、光照反而能拉动蒸发，促使生根和恢复生长。

（9）病虫害预防

种植完成后，还需及时施药杀虫除菌。此时的松树桩是抵抗力和生命力最弱的时候，松树的体液油脂流动较慢，天牛幼虫、纵坑切梢小蠹易寄生于树皮里面，咬食松树的形成层，等发现时往往形成层已被蛀食一空，拨开皮层，仅留下满树木屑，树也早已枯死。因此，成活前的松树素材要不间断地定时施药，以防病虫害发生。

（10）成活的判断

进入松树的生长期，下山桩开始陆续发芽，发芽的松树也同时生发新根。松芽生长健壮，新叶呈现饱满油亮的翠绿色，则说明已经成活。有些松树迟于正常生长，未见发芽，说明新根还未生长；如老叶饱满有光泽，只要细心管理，稍迟也会生长成活。如下山桩在梅雨前生发新芽，并且顺利度过夏天，说明已成活。

成活的松树下山桩

（四）山采素材嫁接补枝

一些山采素材桩形很好，但枝位过少或出枝点不理想，有些枝条过长过远，近干处无分枝。碰到这些情况，可以按照树桩造型立意的需要，在理想的点位进行嫁接，以改善素材的品质和利用率。值得说明的是，一些无枝桩结或粗枝多年后还是有活皮有生命力的。挑开皮层检视，如确认还活着，依然可以嫁接成活。

山采素材的嫁接补枝多用插皮接法，此外也可用腹接法或靠接法。以下介绍插皮接法。

先端无枝的桩结也可嫁接成活　　　采用靠接法接痕明显，效果不如插皮接法

（1）补枝时间

经过两年以上的生长复壮后，可根据造型需要进行嫁接补枝。3月中旬至4月上旬，此时温度适宜，松树新芽开始萌动，枝干生长活跃，树皮与木质部容易分离，有利于挑皮嫁接。

（2）接穗选择与裹枝

嫁接时剪取上一年生长的隔年新枝作接穗。接穗越健壮越好，以长10厘米以内（不计叶长）为佳。因松树枝的分枝在顶芽处，如太长容易使嫁接枝脱节过长。拔去接穗剪口以上3—4厘米以内的针叶，以便切削接口。然后用保鲜膜或糯米纸自下而上将接穗包裹起来。如用保鲜膜包裹，要在顶端用胶带粘贴，以防风吹散开；如用糯米纸包裹，拉紧扯断后会自行黏结，不会散开。

（3）接穗切削

将接穗切口处削成2厘米削面长度的楔形，外侧削面可略短于内侧。削面一定要平整，以便插入时和形成层紧密接触。

选取健壮的枝作接穗

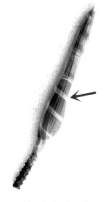

用保鲜膜或糯米纸包裹接穗

将接穗削成楔形

（4）嫁接口切开

在树干或粗枝将要嫁接处，用平凿侧角向下且向内倾斜 15°—30° 凿一切口，深度略过木质部，以便挑开树皮。切口不要太宽，略宽于接穗粗度即可，以免对树干造成破坏。凿好后用嫁接刀或薄竹片插入切口，挑开皮层，将韧皮部与木质部分离约 2 厘米深度，分离要干净不可夹丝。

用平凿侧角凿开松树枝干的皮层，深略过木质部

（5）接穗插入

采用插皮接法，将削好的接穗内侧朝向树干，插入挑开的木质部与韧皮部之间，深度至不见接穗削口，然后用塑料带绑紧。粗干上可用塑料软管或厚橡胶片覆压在接口处，横向两端用小铁钉固定，使接穗与接口内的形成层紧密接触。

挑开皮层，使其与木质部分离

将接穗的切削口完全插入树皮与木质部之间的形成层中

绑扎固定

（6）嫁接后管理

这种裹穗插皮嫁接法成活率高，嫁接完成后可按正常养护管理。适期嫁接无需遮阴防晒，故适于地栽松树大规模嫁接补枝时采用。

（7）拆裹与解绑

当新芽渐渐抽长开始放针时，可用刀片划开包膜的先端，让接穗露出芽尖，以便获得适当的通风和生长空间。待接穗针叶逐渐放长时，可解除包裹的保鲜膜或糯米纸。秋天接穗正常生长，接口基本愈合时，及时解除绑扎物和固定接口的塑料或橡胶片，以防接穗出现"掐脖子"现象。

成活后拆去先端裹膜，接穗开始放针　　接穗正常生长后完全拆除裹膜

（五）蓄枝养粗

树木都有一个共同的特点，枝繁叶茂，枝干才能快速长粗。但松树却不同于杂木，杂木可以通过蓄养枝干使之达到理想的粗度，再剪短重发，把叶子剪光，剪哪发哪。松树剪光枝叶不仅发不出新芽，而且还会造成死亡，因此，松树就要有独特的蓄枝办法，来达到快速增粗的目的。应用牺牲枝蓄养法，不仅可使树枝快速达到理想粗度，也可将一些"杀头"过大的素材通过蓄养，形成更具变化的主干和过渡自然的树梢。

蓄养牺牲枝

（1）备用枝定位

下山桩嫁接和取舍完成后，根据树桩特点，按造型立意的要求，将树枝攀扎，定位方向、角度和走势，并将每个树枝靠近主干的地方留取1—2个分枝，这个分枝称为备用枝或要枝，意即今后造型所需要的枝条。

（2）牺牲枝蓄养

松树生长期间可将备用枝的

备用枝的定位与牺牲枝的蓄养和修剪

芽掐短，保持其紧密的状态。放任主枝生长，随着顶端优势形成，这个主枝第二年、第三年会越来越壮，产生大量的枝叶，从而使枝条迅速增粗，这个枝即牺牲枝。在蓄养过程中，要剪去牺牲枝接近备用枝的分枝，让备用枝充分得到光照，通风顺畅，获得较好的生存空间，以免失枝。

（3）牺牲枝去除

待树枝或顶梢养到理想的粗度后，可分批逐次剪去牺牲枝，粗度不够的可继续蓄养。不可一次性将所有牺牲枝同时剪完，因为此时对于整棵树来说，牺牲枝的叶面量大约占了总叶量的百分之八九十，突然失去这么多枝叶，树根一下子失去了养分的供应平衡，会造成树根坏死，导致整棵树长势衰弱，甚至死亡。因此，剪除牺牲枝时，应根据树枝达到的粗细情况分先后逐枝剪去；或者先将牺牲枝逐步删剪，减少叶面量，一个生长周期后，等备用枝的叶面量增加后，再将牺牲枝全部剪去，这样才不会对树势产生过大的影响。

树枝达到粗度后，逐步分次剪去牺牲枝

在适宜移栽的季节，将松树桩挖出，或从盆种取出，剪去过长的根须，重新栽种，栽种时完全剪去牺牲枝，这样也可避免对整棵树造成伤害。

松树素材断根上盆时全部剪去牺牲枝

《邀月》

（五针松，80厘米×50厘米，徐昊）

四、松树盆景造型艺术

（一）外师造化——掌握松树形态和禀性

我们在制作松树盆景之前，首先要了解松树的形态和它的禀性，对松树的美谙熟于胸，才能在制作时准确把握松树盆景的形式，进而通过形式来传递作品的意境，这就叫"外师造化"。

松树大多喜欢生长于花岗岩地质的冈岭上，立足于裸岩山骨，与山岳奇峰完美结合，形成雄奇瑰丽的壮美景色。松树的主干大多是笔直的，树干雄

山脊上的松林

冈岭上的高山松

悬崖上的奇松

壮魁伟，枝叶豪放舒展，不论在多么恶劣的环境下，仍然耸立生长着。在那样的环境里，别的树木只能匍匐在它的脚下，而松树却以正直、朴实、坚强为禀性，站得高，扎得稳，挺得硬。

松树也有虬曲的，虬曲的松树大多生长在悬崖峭壁之间，那是其他植物根本无法立足生长的地方，松树却能将根扎进岩缝里顽强地生长。它的弯曲不同于柏树的柔韧，松树无论曲直，都始终保持着坚贞刚毅的本性。

这就是松树的形态和禀性。

（二）中得心源——了解松树文化内涵

由于松树坚忍顽强、心向阳光的品质，伟岸挺拔、志在云天的形象，其品性深得世人称颂。泰山之松曾受秦皇封为大夫，称为"五大夫松"。北京北海公园有棵古松，至今已有八百多年树龄，枝叶垂泻，顶圆如盖。据说某年盛夏某日，乾隆帝来到树下，清风徐来，顿觉暑气全消，乾隆皇帝十分高兴，当即封此树为"遮阴侯"。

陶渊明罢官归来，扶孤松而盘桓，寄托自己的情志，释怀"心为形役"的惆怅。

北京北海公园"遮阴侯"

《陶令不知何处去》（天目松，117 厘米 ×88 厘米，徐昊）

李白借松言志，写下了如下诗句：

> 为草当作兰，为木当作松。
>
> 兰秋香风远，松寒不改容。
>
> ……

作者表达了自己不与流俗为伍的高贵品性。

白居易也曾以诗歌赞美松树的品格：

> 亭亭山上松，一一生朝阳。
>
> 森耸上参天，柯条百尺长。
>
> ……
>
> 岁暮满山雪，松色郁青苍。
>
> 彼如君子心，秉操贯冰霜。
>
> ……

他将松树比德君子。陈毅元帅曾写过《青松》一诗：

> 大雪压青松，青松挺且直。
>
> 要知松高洁，待到雪化时。

两首相隔千年的诗，却同样讴歌了松树披霜历雪、刚直不阿的坚强品格。

白居易还写过如下诗句：

> ……
>
> 爱君抱晚节，怜君含直文。
>
> 欲得朝朝见，阶前故种君。
>
> 知君死则已，不死会凌云。

诗人爱松的品格，想要每天都能看到它，与它朝夕相处，因此在屋旁栽上松苗。诗人写的是松，表露的是自己的情怀。

千百年来，松树承载着厚重的民族文化，象征着中华民族精神，也代表了积极进取的时代精神。了解松树的文化内涵，可以使我们在创作松树盆景时更好地把握作品的气质，丰富作品的精神内涵。

（三）温故知新——撷取传统盆景文化精华

自宋以来，画家的笔下已有不少松树盆景作品，使我们在今天还能通过画作来了解古人的盆景作品。画中的盆景非常优秀，至今仍值得我们学习。

《偃松图》（元代李士行）

元代李士行绘有《偃松图》，画的是一幅老松盆景，浅薄长方形盆中，左边紧贴根基部配以拳石，像是树根紧抓岩缝。主干向右横斜而起，至1/3处转折向左，至树梢部又硬角折回，树干苍古雄健，线条转折变化，极富张力。枝叶清疏简约，造型横斜纵肆，是一件典型的文人写意盆景。

明代仇英绘有《春庭行乐图》，图中一松树盆景，树干苍老诘曲，左边配一奇石，与松树浑然一体，第一出枝向右凌空舒展，枝叶疏

明代仇英《春庭行乐图》局部

密相间、虚实变化，树形呈临崖之势。整体造型具象精微而不失古朴大气，颇有"半依岩岫倚云端，独上亭亭耐岁寒"的崖上古松之趣。这样一件形神

兼备的松树盆景，即使以现代的眼光来看，也堪称上乘佳作。

　　明朝时期有个叫屠隆的文人，是浙江宁波人，著有《考槃余事·盆玩笺》。他根据当时制作盆景的状况，总结出一套盆景取材、立意、位置、造型的理论。从书中，我们不难看出，古人制作松树盆景已十分注重作品的内涵，崇尚作品的诗情画意，充分体现自然美，反对匠气和矫揉造作的病态，倡导"结为马远之欹斜诘曲，郭熙之露顶攫拏，刘松年之偃亚层叠，盛子昭之拖拽轩翥等状"，借鉴画意进行创作，注重形式的多样性，通过不同的枝法和形式反映大自然中松树的千姿百态。"更有一梗两三枝者，或栽三五窠结为山林，排匝高下参差，更以透漏窈窕奇石安插得体。"这里所说的是利用一本多干的天目松材料进行组合，并注重高低疏密的变化，在适当的位置配上奇石，作成丛林式盆景。此段论述文简意精，唯有配石一点与我们今天有所不同，大概那时受造园文化的影响而喜欢配上"透漏窈窕"的奇石（我们今天创作松树盆景如需配石，则喜欢配以顽拙的石头，以体现松树的自然生境和本性美）。实践创造理论，理论指导实践。他的这一盆景理论，对后来盆景创作起到了积极的指导作用，成为松树盆景制作的理论依据。

　　温故而知新，我们向古人学习，站在历史已有高度的基础上，才有希望更上一层楼。

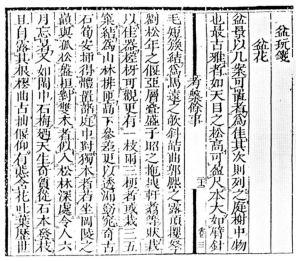

《考槃余事·盆玩笺》（明代屠隆）

《明月松声稀》（黑松，78 厘米 ×57 厘米，徐昊）

（四）立意——构设盆景的意象

艺术创作的立意十分重要，而立意的"高低""雅俗"取决于作者的学养，这种学养包括对中国传统文化的学习和对自然造化的领悟。

同一件素材在不同的人手中会产生完全不同的制作效果，其中除了制作技术水平的高低以外，最主要的还是制作者的审美和立意水平的高低。

盆景造型的立意有两种方式，一种是根据素材立意，另一种是根据立意选择素材。

如果对已有素材进行造型，那叫客观立意，也叫因材施艺。根据素材形态和特点，找出素材的最佳面相，表达意境和内涵，把素材已有的造化之美发挥到理想状态。客观立意，顾名思义，较大程度上是对客观的反映。创作盆景的素材，其主干、出枝等相当一部分内容受自然造化的限制而不可人为随意改变，这是盆景与其他艺术创作所不同之处。

"人的意识不仅反映客观世界，而且创造客观世界。"这是列宁的一句哲学名言。盆景人通过对自然的认识和理解，经过重新构建，以符合自然而不同于自然的形式来展现自然和人文之美，这就是主观创造。主观创造是一种创意精神的体现。

主观立意则往往是根据自己的立意去选择素材进行创作，以表达作者主观意识中的意境气象和精神情感。

《老骥伏枥》（天目松，112厘米×126厘米，徐昊）

《子昭笔意》
（天目松，112 厘米 ×76 厘米，徐昊）

（五）取势——确立盆景形式走向

一般因材施艺时都有一个取势的过程。因为大多数素材栽种的时候都不一定是它的最佳角度，而每个作者的立意也不尽相同，因此会根据自己的需要采取不同的布势。

所谓"势"即是盆景作品的形式走向，是外显形态和内在力度的总和。内在力度包括根、干、枝的力度，是一种蓄势待发的力量。无论是动态的还是静态的作品，都有"势"的存在。

通俗地说，取势就是根据树桩固有的优点和缺点，扬长避短，确定主干直、斜、悬、卧的姿势，结合布枝的疏密、长短来构建作品的形式和气象，反映作品的意境和作者的思想情感。

每一棵素材都有它原本的自然属性和内在特点，因此我们在取势的时候要善于观察素材的基本特性，因势利导地对素材进行立意布势，以达到内在力量和外显势态的统一；否则强行取势，就会出现不自然或有形无神的现象。

"势"就好比舞蹈动作的肢体语言，是艺术的表现方式，也是营造盆景形式美和意境美的关键。不同的取势造就了盆景不同的形式，反映出不同的意境。

《高处不胜寒》（黑松，75 厘米 ×112 厘米，徐昊）

《依峰泻翠》（天目松，102 厘米，徐昊）

（六）化繁为简——提取盆景典型要素

化繁为简是一切艺术创作的必要手法，是在无序中整理出秩序的过程。对于松树盆景的造型来说，比之其他盆景的造型更讲求简约，把多余的树枝去掉，只留下具有代表性的枝叶，经过攀扎造型，做出自己先前立意的树形，突出表现其形象和本质之美，这才是松树盆景造型追求的目标。

但简约并不等于简单，而是要通过削减形迹来丰富盆景作品的内涵。

阿恩海姆在《艺术与视知觉》中写道："当某件艺术品被誉为具有简化性时，人们总是指这件作品把丰富的意义和多样化的形式组织在一个统一的结构中。" 就拿一根线条来说，普通人画一根线，那它就是一根线，什么表达的内容也没有，这就是简单和单纯。而一个画家在宣纸上画一根线条，线条的力度、速度、节奏等表达了某种性情，那就是审美对象，这才是简约。盆景制作也是这样的道理。

《远方》

（赤松，112 厘米 ×146 厘米，徐昊）

《风起岚烟》（五针松，高 68 厘米 ×56 厘米，徐昊

（七）平枝与垂枝——反映不同生境松树形象

在大自然中，高山上的松枝大多呈平行舒展的云片状，树枝的线条经过转折和起伏而产生节奏劲势，使得树枝的舒展充满力量和动感，给人以畅快淋漓、一泻千里的感觉。因此，我们在制作反映高山松盆景的时候，往往应用云片枝法，以反映高山松坚韧傲然、雄奇豪放的美。

《天朗气清》（五针松，76厘米×102厘米，徐昊）

《松韵鹤影》（天目松，72 厘米 ×60 厘米，徐昊）

平原或低海拔冈岭的古松大多呈垂枝的状态，垂枝的松树主干显得高耸，出枝点位也较高，树枝从高处纷披垂泻，枝线较长，呈自然弯曲状，线条遒劲。我们在制作松树盆景的时候，也可应用垂枝法来制作。垂枝的松树盆景体现苍古宁静的艺术境界，富有禅意之美。

（八）线条与节奏——赋予盆景美感与情感

线条是造型艺术表现的主要元素，书法、绘画、雕塑、舞蹈等都是以线条去塑造形体，以达到传递美的目的。盆景的造型也同样是利用枝、干的线条来组成形体，通过线条的经营位置来体现作品的空间结构变化，凭借线条的动感、力度与起伏变化来传递作者的情感及审美趣味。通过硬角与软角结合，长跨度与短跨度互换，刚与柔并用，以及顺与逆等手法来表现线条的矛盾与统一的关系，以获得抑扬顿挫的节奏美感。

《闲云》（天目松，56厘米，徐昊）

《云霞明灭》（赤松，88厘米×106厘米，徐昊）

（九）动静与滞畅——把握盆景生命力呈现方式

动中有静，静中有动，任何事物都是动和静的统一。

动静、滞畅表现在盆景创作中，既是一种对比关系，也是作品内在生命力的体现。以静制动，可以有效地把控动势的强弱，通过对比的手法衬托动势的美。寓动于静，可以使作品于宁静中产生内在生命和情感的涌动。

凝滞是流畅暂时的停顿和歇息，就像流水至于巨石，几经盘旋，激湍而去；行云至于山峰，幻化升腾，变化无穷。运用滞畅结合的表现方式，才能使线条产生变化的节奏和生动的气韵。

在盆景创作中，通过对动静、滞畅等对立统一关系的运用，结合疏密虚实的位置经营，可以使作品具有更加丰富的表现力，产生更加生动的意境和内涵。

《白云生处》

（赤松，96 厘米 ×138 厘米，徐昊）

《舞风弄影》（天目松，60厘米×76厘米，徐昊）

（十）疏密与虚实——营造盆景"气"之居所

留空布白，虚实相间，是中华艺术造型表意的重要手段。没有留空布白，盆景作品的线条、结构就没有展示的空间。

虚空是"气"的存在之所，也是作品思想的空间，所以中国盆景在创作中十分注重留空布白，营造虚空。

虚实即疏密，布白如布枝，布白也不能雷同，当有大小、多寡、高低、左右之别。倘若留白的空间过于均匀，气就散了。因此，我们在盆景创作时，往往通过驾驭层次的疏密变化，枝的长短变化，左右枝的轻重变化，以及前后枝的参差错落，来营造"气"的居所，体现盆景作品的空间变化之美；通过虚实之间呼应关系的处理，来营造作品的气韵，赋予作品弦外之音、景外之情的意境，使作品达到空灵虚远的艺术效果。

《知守》

（天目松，60 厘米 ×58 厘米，徐昊）

《高天流云》（五针松，118 厘米 ×116 厘米，徐昊）

（十一）气韵与气势——驾驭盆景"气"的流动

"聚则成形，散则化气。"是中国古人对气的理解和概括。

道家文化中的"气"是对中华民族先民宇宙观念的总结和发展，是道家宇宙观的核心，是中华文化关于宇宙和自然的最本质的抽象概括，用庄子的话来说就是"通天下一气"是"万物齐一"的根本。"气"是宇宙万物精微的自然基本形态，存在于我们生活的方方面面，存在于我们的感知当中。

"气"在中国盆景艺术中的表现也是非常突出的。盆景的"气"生发于作品的根、干、枝等线条的节奏运动当中，运转于虚实呼应之间，"气"随作品的势而出，达作者创作意念的边界而回。所以盆景创作主张立意在先，注重作品内在气质和神韵的把握，追求线条内在力度和势态的统一，讲求作品的节奏劲势就是这个道理。一棵没有内在力度、线条没有节奏感的盆景是无"气"可言的。

实处为聚，虚处为散。聚而不出是死气，散而不聚则无气，聚而不散、能聚能出、收放自如方为生气。"气"与人的精神文化思想在作品中结合，形成洋溢于作品的"气韵"。"气"借助作品的"势"得以向远处或高处传递，二者合称为"气势"。所以，当我们欣赏一件优秀的盆景作品，会被作品的气韵所感染，继而思绪和作品的气息融为一体，使心灵徜徉于作品的意境之中。

《守望》（黑松，112 厘米 ×87 厘米，徐昊）

《致远》（天目松，102 厘米 ×58 厘米，徐昊）

（十二）意境与内涵——融合造化与心源

"意境"是中国文化艺术领域的一种特有的语言表达。

"意"是主观思想和人文精神在作品中的体现，是情与理的统一；"境"是客观自然在作品中的反映，是形与神的统一。在两个统一过程中，情理、形神相互交融，相互制约，就形成了作品的"意境"。

记得看过一本盆景书，是一个大学的美学教授写的。书中说到树木盆景，他认为树木盆景是没有意境的，只有山水盆景和水旱盆景才有意境。他举例说，山水画是有意境的，凡花卉树木写意都没有意境。我觉得此论大谬，无须商榷。

凡艺术创作都有意境的存在。诗有诗意，画有画境，盆景也有盆景的意境。诗词是对文章的抽象提炼，毛泽东的《长征》诗，融万水千山、艰苦卓绝的经历于短短五十六个字中，解析开来便是一部宏大的史书；写意画是对工笔画的抽象表现，吴昌硕的写意画《独松关》，以极简的笔墨书写山势险要和壮美的景观，画中不仅蕴含了深厚的人文故事，也表现出作者深深的思乡之情，作品融宏大的内容于简约的一松一石之间。

在创作松树作品时，并非模仿自然的写真，而是根据人们所赋予松树的人文精神，将创作对象与精神文化和情感相结合，通过内心的情思和构设，以源于自然而又不同于自然的形象创造，超然地反映自然美和作者的情感与志向，把大自然的美与自己内在的生命合而为一，借物言志，托物寄情，达到天人和谐的境界。

意境是超越具体有限的物象，让心灵深入时空的运动和感悟，是心里所想而现实却达不到的场景。因此，对于中国盆景的审美而言，不仅仅是视觉的审美，更是思维的审美，经过视觉被形式和气韵所感染，心驰神往于作品反映的意境当中，去经历一番心灵的遨游。

意境是盆景作品的灵魂，没有意境的作品便是一件没有灵魂的躯壳，只仅仅是自然植物给视觉带来的愉悦。

《空谷》（天目松，88厘米×60厘米，徐昊）

《我是一片云》（天目松，60厘米×80厘米，徐昊）

五、松树盆景主要表现形式

（一）直干式

伟岸、正直是松树在中国人心中的形象。"岁寒，然后知松柏之后凋也。"孔子借松树刚毅坚强的品质，比喻耐得了困苦，受得起折磨，始终初心不改的君子精神。因此，松树直干堂堂正正的气度，成为儒家入世精神的象征。当代一些著名的松树盆景作品，就是典型的直干式，如潘仲连的《刘松年笔意》和《苍松轩鼒》，胡乐国的《向天涯》等作品。

直干式松树重在一个"直"字，松树的直是从头到尾几乎等粗的直，这样的直才真正体现了顶天立地、伟岸刚正的精神气度。假如一棵锥形渐细的直干树，哪怕再直，也表现不了松树刚正不阿的精神。因此，在选择松树素材的时候，无论曲直，都以首尾差不多粗为好；否则收梢过快的素材，直干如杉，曲干矮桩表现如杂木，几无松味可言。

直干的松树作品以高干为美。优秀的直干式松盆作品，无论出枝高低，其枝大多重心倾向于一侧，呈平薄的云片状，枝势具有节奏明快的流动感，这样才显得有气势，作品意境才显得宏阔，让人心里产生一种登高望远、极目千里的境界。

《松下问童子》（黑松，110厘米×82厘米，徐昊）

（二）曲干式

　　曲干式是松树盆景常见的表现形式，凭借素材不同的天然曲折或人为的弯曲，容易产生丰富的变化，也符合大众以曲为美的审美习惯。因此，深受人们的喜爱。

　　松树的"曲"，无论高矮，其弯曲都应该具有刚性的转折顿挫，才能表现松树虽曲而不失劲节的风范。南朝文学家范云《咏寒松》诗中云"凌风知劲节，负雪知贞心"，因此松树又被称作"劲松"。

　　高干的曲干式松树大多与垂枝相结合，使垂泻的枝条具有表现变化的空间，也容易与弯曲变化的主干相协调。曲干垂枝产生向下凝聚的气韵，因此会产生一种荒古静寂的意境美。也可采用托枝法，让作品产生向上的气韵，表现峰头古松天地相接的境界。

　　对于矮壮的曲干素材，由于树枝表现的空间有限，可用简约的层片布置，或突出利用大飘枝随势舒展，表现崖上古松凌空遨游的奇观。

《扶摇》

（赤松，120厘米×108厘米，徐昊）

（三）斜干式

斜干式介于直干式和卧干式之间，主干可向左或向右任意斜向角度取势。因此，斜干式也具有丰富的形姿。但无论取什么样的倾斜角度，其主干梢部总会或多或少地折起，与斜势形成相反的力，以达到树势的平衡，这也是植物生长的向上性以及寻求自我平衡过程中自然形成的形态特征。因此，斜干式的作品主干一般都有较为流畅变化的曲线。笔直的树干是不适合作为斜干取势的，因为它既没有稳定感，也不符合自然之理。斜干式作品既可表现雄健豪迈的势态，体现儒家文化倡导的积极进取、坚强不屈的入世精神；也可塑造潇洒飘逸的形姿，寄托道家心与物游、忘怀得失的审美境界；还可营造疏野简淡的风貌，反映释家追求的空灵静寂、言外之意的境界。因此，斜干式的松树作品不仅形式千变万化，而且所表现的意境内涵也极为丰富。斜干式作品根据立意布势的需要，可采用垂枝法塑形，也可采用平枝、飘枝和托枝法塑形。

《飞度》

（五针松，80 厘米 ×100 厘米，徐昊）

（四）文人式

　　向上生长的细高干树木盆景，盆景界习惯称为"文人树"。文人式主要表现主干细而高，相对应的枝叶较为稀疏。其主要依据是国画中的树木表现，尤其是山水画山谷中的树木。在山水画中，树木是山水的组成部分，并非主要表现对象，因此显得细长。当画家以树木为主要表现对象的时候，画中的树就不那么细了。以画松为例，画家以百年乃至千年古松为范木，通过意象的构设，以心中之松书写心底逸气，营造心中的精神情感世界，这才是文人画松的境界。文人画松是"瘦高"而非"细高"。瘦才具备骨力，才有松树的清刚之气，也符合自然松树的形貌特征。瘦与树的粗细无关，而与枝干的内在质感和线条所展现的力度有关。因此当下流行的细干文人树，应该归类于文人式。在文人式当中，一些具有创造性和表现力，形质俱佳、形神兼备的作品才称得上文人盆景。总而言之，文人式包含了向上生长的以树木为主体的所有表现细高干形式的造型树。

《苍松怪石图》（清代李方膺）

《笔墨春秋》（天目松，76 厘米 ×32 厘米，徐昊）

（五）悬崖式

其题材源自于崖口或峭壁上，枝干向下生长或悬挂于峭壁当中的松树形态。根据悬挂的长度不同，又分半悬崖和大悬崖。以传统作为悬崖专用盆的千筒盆种植为例，半悬崖下挂长度小于盆高度的一半，而大悬崖则长及盆底或超过盆底。现代多以斗方盆、六角盆、圆盆等较浅的盆器栽种悬崖式，配以较高的几架，以避免盆在作品表现中占据过大的比例，影响作品的表现力，使作品达到更好的审美效果。

悬崖式作品大多是作侧面观的，这样可以看到主干和枝条完整的结构表现。而岭南盆景在悬崖的塑造中，也有作正面观的表现形式，作品从正面向下悬挂后，向左或向右横着走，让人能从正面看清作品的线条结构，产生面壁而观的视觉效果。

"连峰去天不盈尺，枯松倒挂倚绝壁。"悬崖式的松树作品可以让我们领略这样的诗境，感受绝壁空壑的境界。

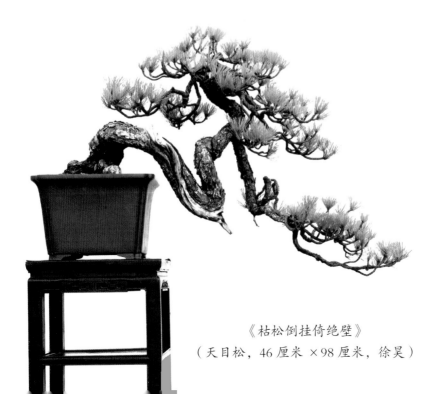

《枯松倒挂倚绝壁》
（天目松，46 厘米 ×98 厘米，徐昊）

（六）偃卧式

松树是性喜阳光的树种，具有强烈的向上性。但偶尔也有偃卧生长的，这种形式的松树大多生长在绝壁上，横卧于空中，如同飘浮于悬崖边的翠云，让绝壁空壑充满灵动的生机。由于古松具有满身的鳞甲和起伏曲折的枝干，因此又有苍龙穿云的视觉景象。偃卧的松树盆景配盆，如悬崖式，常配以斗方盆、六角盆，或形状适合的圆盆，让主干凌空于盆外，方显松树作品偃卧的神韵和意境。松树是不会偃卧于地面而生长的，也不会出现在水边呈临水状。因此，在创作松树偃卧作品时，先要了解松树的生态习性，才能把握松树的本质，创作出具有松树形貌特征、反映松树意境气象之美的作品。

《幽壑潜蛟》
（天目松，47 厘米 ×86 厘米，徐昊）

（七）矮壮式

矮壮式的松树盆景表现形式，大多是受囿于杂木大树形盆景的造型和审美习惯而形成的一种造型模式，也受到日本盆栽审美风格的影响。其形式包含直干、曲干、斜干等各种姿态，选材矮壮，有匀顺的收梢过渡，俗称矮霸桩。造型一般取低位出枝，枝叶紧密，构成丰满的不等边三角形树冠，形象端庄稳定，形式具有一定的规律性，便于初学者学习，容易让爱好者掌握造型和修剪技术。这种形式主义的盆景造型符合大众审美，因此得到较多人的喜爱，也符合欧美人直觉的审美，因此，在盆景走向世界的过程中起到了积极的作用，也适于盆景的产业化商品生产。

但其造型如同传统的规则式造型，只强调一种绝对化的形式，不顾作品的内容，其美感仅仅从作品的形式来体验，作品往往反映不了松树的个性和形貌特征，因此感受不到松树的人文内涵，体验不到松树特有的生境和意境之美。

这也并不是说矮壮式就一定表现不出松味，黄山的卧龙松就很美。只要创作时主观上具有创造性，善于打破形式的束缚，选材时不囿于固有模式，创作时牢牢把握松树的形神气质，是照样可以创作出个性鲜明，既能表现松树的意境气象，又能很好地承载人文精神的作品。

《云起龙腾》（赤松，78厘米×106厘米，徐昊）

（八）合栽式、丛林式

双干或多干合植于一盆中，都可称为合栽式。两干或三干合栽是以形神取胜，大多是主观地塑造松树的意境气象，以少胜多地表达松林之美，给人以更多的审美想象空间。

两三干合栽的松树表现形式可包含直干、曲干、斜干、文人式等诸形式，因此，树姿的变化也较为丰富。合栽式作品具有明显的取势的方向性，以表现松树特有的个性气质。在组合表现时要求：双干分前后，三干有疏密，高低具错落，主次需分明，形式求统一，虚实生气韵。切忌栽种位置平直，造型左顾右盼，失之气韵。

三干以上的合栽一般不会用四干和六干，因为这个数量在合栽时很难分主次和疏密。五干以上的松树合栽盆景也叫丛林式，大多以直干合植为主，通过疏密虚实的位置经营，高低错落的选材营造，较为具象写实地表现松林意境。

《双松修立》
（大阪松，98 厘米 ×60 厘米，徐昊）

也有将枝位极低的树枝弯曲按压于盆面，利用分枝作成连根丛林或子母丛林的，这种表现形式在日本松树盆景中经常出现，尤其以实生五针松最为常见。由于实生五针松每棵之间的叶性表现有所不同，合栽时容易造成叶性的不统一，因此利用一本多干或压枝形成丛林是一种适宜的创作方法。

《同生同德》（五针松，126 厘米 ×150 厘米，吴克铭、吴宝华）

（九）水旱式

松树是一种向上而生的植物，本无近水而长，因此，水旱式松树盆景是一种主观的表现形式，是将松岳的壮观与水系的秀美相结合，营造一种亦山亦水的理想境界。水旱式松树盆景大多以丛林表现为主，除了应用高低错落、疏密变化、远近对比等丛林营造法则以外，也要把握松林趋向一致的个性特征表现，注重地貌的营造和山水之间的呼应关系。

也可以三两株合栽，配以拙石，状如山崖一角，作成水旱式，表现"明月松间照，清泉石上流"的空谷清境。

无题（大阪松，80厘米×150厘米，如皋花木大世界）

（十）附石式

附石式是撷取峰头崖尖松树境貌为蓝本的一种创作表现形式。选取纵向瘦皱之石，采用经过定向培养、具有长而顺直根须的松树附于石峰之上，或低于峰头的层次之间。根据石头的褶皱位置，将松根嵌于石头较深的缝隙之中，长度直达石头的底部，使根与缝隙结合紧密并加于固定，经长粗后紧嵌于石缝之中，宛若天然扎根于悬崖或奇峰上的松树。附石的松树大多作成横卧或悬挂状，与石势相互辉映，营造绝壁险峰的境界。

《听泉》（五针松附石，85 厘米 ×100 厘米，吴克铭、吴宝华）

　　另有一类附石形式，是采用状如巨岩岛礁、石脊具有较深凹陷的石头，将松树直接栽种于石上，形成崖上之松的景观，也可将其置于水盘，产生"天之涯，海之角"的意境。

《松石画意》（黑松，50 厘米 ×67 厘米，樊景森）

六、松树盆景创作技法

（一）适宜造型季节

初次造型时要剪除大量的枝叶，树的枝干在制作扭曲过程中也会不同程度地受到损伤，有些较粗的树枝还需要通过手术处理进行拿弯，所以要选择合适的季节，否则会对树木造成伤害，甚至导致死亡。

适宜松树造型的最佳时间为 10 月至来年的 4 月底前。10 月份一般光照充足，气温适宜，昼夜温差大，是松树积累养分的壮实期，这个时候松树生理代谢活动较快，因造型产生的伤口容易愈合，避免因受伤而造成缩枝。

适季造型

适季造型

　　冬天至早春气温低，松树进入半休眠期，叶面蒸发量相对减少。但松树不怕寒冷，冬天还可见生长的新根，仍然充满生命活力。此时对松树进行造型，即使树皮折裂或损伤，也能通过部分连接的树皮和木质部获得枝叶蒸发所需的水分，保持活力直至春天正常生长。

　　3—4 月份，松树开始萌动，并逐渐进入生长期。尤其 3 月下旬开始，松树枝干内贮存的养分会运行到枝端帮助新芽生长，此时的松枝变得松软，弯曲时最不易折断，是松树造型的最佳季节。

　　如果只是整理小枝，那么，一年当中除了高温季节都可进行。但处于生长期的新针非常脆弱，攀扎时要格外小心，尽量不要碰断新针。

（二）桩结修饰

在自然界中，松树是很少有舍利干和舍利枝的，一般来讲只有少量的枯枝，枯枝不久就会腐朽脱落，形成较短的舍利桩结，桩结最终烂尽，形成"马眼"。

山采的松树桩坯经过裁剪取舍，会留下较多的剪裁痕迹，需要经过艺术加工处理，如雕琢，使其形成自然美观的桩结和"马眼"，既符合自然之美，又有人文表现，更好地服从于整体造型。

桩结修饰

松树素材剪去无用的粗枝时，要根据枝的粗细留取一定长度的桩结，以便雕琢。切不可紧贴主干裁剪，否则会在主干上产生过大的平面疤痕，影响主干的完整和美观。主干的裁剪也是如此，要距续顶枝有适当的长度。截疤雕琢时也要留有余地，使得续顶枝长粗后具有圆润饱满的过渡。

较小的树枝剪口，可以将其凿深，让其凹进树干，待愈合后形成漂亮的"马眼"。一些较粗的桩结经年后，并不会像柏树的桩结那样，连着主干的皮一直枯下去，反而会沿着桩结向上一些的地方愈合。因此，雕琢这些桩结的时候，可以愈合处为界，将以上部分进行雕琢，并将愈合线雕琢成不规则起伏变化的形状，让其尽量符合自然和审美要求，这样的雕琢会使伤疤面积最小，也符合松树的自然特性。即使有些粗桩结已经枯到树干处，雕琢时也要留有余地，切勿一雕到底，否则会在树干上形成难看的环形疤，影响树干的完整和美观。

桩结留取的长短、多少、位置等，要根据造型布势的需要而决定，并非多多益善，否则舍本求末，影响作品的主题表现，得不偿失。

松树盆景一般不适合做舍利枝，如果整体布局有需要，也要少留一些。也尽量不用舍利干来表现松树的老态，除非素材本身就有枯朽的部分。松树的老态是从鳞皮的变化和内在质感以及整体形象中体现出来的，因此松树的树干越完整越好。完整的树干有利于作品健康长寿，更能表现松树阳刚雄健之美。

深凿小桩结，伤口愈合后形成"马眼"

在主干缺枝的地方留一个枯枝作舍利枝，会有虚实相生的效果

（三）树枝取舍

根据自己的立意，定好树坯的取势，构思好作品的表现形式后，接下来就要考虑树枝的去留，剪除多余的枝条。

第一出枝我们称主枝，是极为重要的表现枝。它是重要的审美对象，在作品的形式表现中，往往起到决定性的作用。主枝是最粗也是最长的枝条，应该根据树势的走向，留在主干或左或右的一边，出枝的高低位置也要根据树形的需要而定，最好在设定树高的下方 1/3 或上方 1/3 左右的位置，这样的分割比较接近黄金律，做出来的树会比较美观耐看。当然这也不是绝对的，还需要根据素材本身的出枝条件灵活掌握。一些出枝点位不理想的树枝，可以在制作过程中通过调整树枝的空间位置，达到理想的视觉效果。

取舍

删剪

如果树干是弯曲的，应该把枝条留在树干弯曲处的外凸部位，内弯处的树枝我们称腋窝枝。这个地方出枝不美观，也不符合自然之理，一般都要将其剪去，除非这个位置实在缺枝，非留不可；如留下，也要通过调整这个枝的高低前后位置，改变视觉效果。

出枝的理想位置是在主干弯曲处的外凸部位，并且呈高低错落状

　　第一枝与第二枝分列左右，位置必须有一定的距离，否则呈一字状（扁担枝），也不好看。从第一、二枝向上所留的枝条，前后左右都要有，前后枝的作用是增加树的深度和立体感，产生透视和良好的空间变化效果。前后枝的位置应该稍偏一点，不要正对前后，而且留得稍短一些。正对着视角的枝条太冲，会使人觉得不舒服，在留枝的时候或制作的时候要避免出现这种情况。

　　所留的枝条自下而上应该由疏至密，下部的枝条留得间距大一些，以充分展现树枝线条的变化之美。越到上面，越要逐渐趋于紧密，使树冠显得自然而丰满。枝与枝之间的距离也要有变化，疏密有致才好看。

　　攀扎前，对每个树枝也要进行修剪梳理。一根枝条最好不要直通到底，可在长短适当的位置选择合适的分枝代替主枝，使得主枝线条产生硬角的转折。在选择分枝的时候，如果分枝较多，有选择余地，则尽量剪去对生枝和向下的分枝，留取主枝两侧点位错落的分枝。通过这样的梳理剪裁，做出的枝片才会有节奏的枝线和变化的结构。在主要表现枝的脊背上，也可在适当的位置留取一、二分枝，做成略高于其他分枝的枝片，使较大的层片产生立体的起伏变化。通过垂枝的应用，可丰富层次变化。

枝位下疏上密

树枝的梳理攀扎效果

第一出枝的线条节奏与表现性

（四）粗枝拿弯

一些较粗的树枝，在攀扎前选定要拿弯的部位，通过扭转的办法，促使木质部纤维组织松开而变得柔软，然后在将要拿弯的脊背处纵向垫上布条或麻绳，并以布条或麻绳顺着扭转的方向缠绕扎紧树枝，可避免拿弯时折断树枝。

将粗枝扭松后用布条或麻绳绑扎

有些特别粗壮的树枝，仅靠金属丝攀扎是不能弯曲到位的，可用电钻在需要弯曲的内侧钻孔，使之弯曲到位。钻孔时，孔径不宜太大，用直径6—8毫米的钻头即可，向内斜向钻入深度至木质部的中心部位（切勿打穿树枝，否则弯曲时反而容易折断），然后轻轻地搅动钻头，掏空中心的部分木质，减少树枝的支撑力，从而使粗枝弯折到位。

钻孔法

还有一个有效的方法是开槽法，即在树枝拿弯部位的一侧开一条宽10毫米左右的细槽，深度达树枝粗度的2/3，长度可根据拿弯的幅度而定。一些特别粗的树枝，可在开槽后掏去部分中心的木质部，以减少木质部的支撑力，达到拿弯的目的。

开槽法

　　手术后，先将树枝尝试着按压到预设的角度，然后放开树枝，用封口胶涂抹伤口，手术部位先垫上金属丝，然后用布条或麻绳绑扎保护，再以金属丝攀扎造型。如攀扎后仍不能固定到位，可用金属丝进行牵拉吊扎，使其固定到理想的角度和位置。

　　这两种手术方法创口小，愈合快，创面愈合后非常自然，不会像传统破干法那样留下整段臃肿的疤痕。

手术后，先尝试将树枝按压到预设的角度

垫金属丝，以防折断

用布条或麻绳绑扎保护

用金属丝牵拉固定

（五）金属丝攀扎

攀扎是用金属丝将树枝缠绕后，把枝条弯曲到设定的位置和形状。金属丝的粗细视树枝的粗细而定，以能够使树枝弯曲固定为标准。缠绕金属丝应以30°—45°角度顺树枝呈螺旋状缠绕，金属丝与树枝保持适当松紧度。太紧会掐伤树枝，影响生长；太松则起不到固定作用。多根金属丝要相互靠紧顺势缠绕。可利用一根金属丝对相距较近、粗细相仿的两根枝条相向攀扎，不要扎成交叉状或将一端打结固定在树枝上；否则，不仅难看，而且时间长了会掐伤树枝。

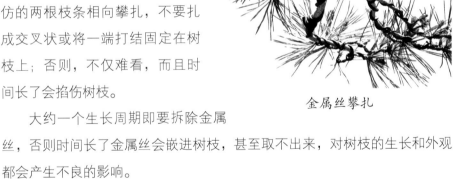

金属丝攀扎

大约一个生长周期即要拆除金属丝，否则时间长了金属丝会嵌进树枝，甚至取不出来，对树枝的生长和外观都会产生不良的影响。

（六）整枝造型

整枝造型，就是根据立意的要求，利用金属丝的固定作用，调整树枝的方向、位置和角度，形成既符合自然，又有艺术表现力的树枝。经过对树枝的位置经营，可按心中的意象塑造出美好的松树形式。

在制作树枝线条时，要充分利用树枝的硬角转折，结合弧线弯曲，形成长短变化的跨距，让树枝产生具有节奏变化、充满生动气韵的线条和结构。

整枝造型效果

平枝长短疏密变化

垂枝空间疏密变化

　　松树的树枝是呈片状的，在制作枝片的时候，也不能将每个枝都做成死板的一片，要利用分枝的疏密变化，使枝片具有虚实的空间变化和清晰的结构表现。

　　在布枝的时候，可应用枝片的长短、大小、轻重、疏密、顺逆等对比的手法，来加强作品的结构变化和表现力，比如：主枝是向左的，那么右边的副枝就要留得较短，通过对比来突出主枝的表现，同时也加强了作品整体的势；两个相距较远的层次之间，利用较短的前后枝穿插其间，会使空间产生变化。

　　松树结顶和其他树种有着天壤之别，它不像有些树种那样收梢过渡形成尖顶，也不会像大树型那样枝冠浑然圆满。松树结顶处的树干没有明显的收尖过渡，而是通过枝条的平展和纵横穿插，凝聚为冠幅较大的平顶。因此，在制作松树盆景顶部时，要根据松树的自然特性，通过树枝的横平穿插和弯曲变化，做成弧形起伏的平顶，才能充分表现松树的形象和禀性。

松树盆景结顶

黄山黑虎松自然结顶

（七）松树 4 种常见枝式应用

松树的枝式是多种多样的。一种枝式会因为应用位置高低、方向及角度的不同而产生不同的效果，因而也有了不同的名称，如正飘和反飘；上下角度略有差异、长短不同的平枝、垂枝、跌枝和泻枝等。根据松树的主要表现形式，可将其归纳为 4 种主要枝式。

①飘枝：具有动感而伸展的枝片，它的基本形状是平行或略向下飘伸，枝势舒展豪放。用于斜曲干式或苍古雄健的矮壮式松树作品的一边，作为非常突出的主要表现枝。也常用于雄壮形直干松树的表现，位于主干的同一方向，利用长短、大小不同的飘枝数层叠加，产生一泻千里的枝势，形成雄健豪迈的苍松形象。

②平枝：表现静态的枝片，呈大小不等的平展状，支脉曲折平伸。用于矮壮式松树造型，具有"汉隶"般端庄、古拙的美。用于高耸形或合栽式松树造型，有如朝云安和之象。

③垂枝：枝势向下垂泻，随性而写意，应用在高干树形的高位出枝上，能恰到好处地体现空间美感，使作品产生荒古静穆的境界。

④托枝：又分点托枝和举托枝。

飘枝 　　　　　　　　平枝

点托枝

垂枝

举托枝

　　点托枝是本身不具备表现性的小枝。在主干裸露处合适的位置加上点托枝，能增添高干作品向上的气韵，使过于顺直裸露的线条产生视觉上的分割感，增加抑扬顿挫的效果，还能使作品的形式更加生动。

　　举托枝是呈斜上生长的枝。在自然生长的古松中，往往有一些曲折向上抬升的枝，枝端由分枝形成平片状，枝势苍古雄强。一些粗壮的主枝上，也会产生举托枝，使枝片形成立体的变化。

　　一件优秀的松树盆景作品，往往是多种枝式的有机结合，形成寓变化于统一的优美形式。善于巧妙应用各种枝式，可以加强作品的形式表现力，丰富作品的内涵。

（八）"忌枝"巧用

除了上述介绍的主要枝式以外，还有切干枝、逆回枝、交叉枝等附加枝式，这些枝式虽然不常用或仅偶尔用到，但往往可起到画龙点睛的作用。

树枝与主干发生交叉的枝称为切干枝，这在绘画中经常见到。在一件作品中偶尔应用切干枝，能有效加强作品的结构变化，产生立体的视觉效果；还能通过切干枝的应用弥补主干线条的不足之处，增加作品的美感和表现力。

背面的切干枝

正面的切干枝

逆回枝往往伴随主枝或表现枝出现，是主枝或表现枝反向对应的较小的枝片。通过回锋逆势的表现，能够加强主枝或表现枝的气韵，体现作品的走向，对作品动态和气势的营造具有不可或缺的作用。

在一些空间较大的两条平行枝中，于恰当的位置加一条强弱适当的交叉枝，可打破平行的呆板，增强空间的变化。恰到好处地应用树枝的交叉变化，可以丰富作品的结构表现和内容表现，于矛盾变化中获得和谐统一的美感。

逆回枝

交叉枝

（九）牺牲枝应用

初次创作的松树作品或经年的半成品，有些枝条远远没有达到理想的粗度，那么可以对这些枝条采用蓄养牺牲枝的办法，达到较快增粗的目的。具体做法是：每年摘芽控制新梢长度的时候，不要摘短这些枝条最枝端的几个芽，促使枝端逐渐复壮，形成顶端优势；第二年开始，这个枝端便会成为徒长枝，以后每年叶面量会呈几何级增长，从而使该枝获得更多的营养积累而快速增粗；等枝条达到理想的粗度后，再剪去牺牲枝。这个方法既不会影响作品的整体造型，又能使作品达到理想的效果。

同步进行造型、蓄枝

已定型的盆景蓄养牺牲枝

（十）树形修剪完善

松树在每年冬天都需要进行一次修剪整理：一是清除枯黄的针叶；二是疏剪层片中过密和位置不理想的枝叶；三是剪去枝端多余的分枝，健壮的枝端有时会萌发 3—5 芽，修剪时仅留 2 个位置合适的健壮侧芽，其余的都可剪去，对走形的枝可进行复扎，对长度不够的枝可利用长出的枝梢续扎。经过这些工作，有利于通风、光照，也能进一步提升盆景的品格，提高作品的观赏价值。

剪去中心枝　　　　　　　　剪去向上的背枝

复扎和续扎

（十一）摘芽、树形控制

成型的松树为了保持美好的树形，可在4月上旬至中旬新芽拔长后，摘去过长的芽，仅留1厘米（8—10管叶），也可根据盆景的大小和生长的需要，决定所留新芽的长短。

对整棵树中一些长势偏弱的枝片，摘芽时要刻意留长一些或不摘芽，增加叶面量，促进光合作用，增加营养积累，达到复壮的目的。

春天萌发的新芽长短不齐，可在放针前将其摘短

若错过了摘芽时节，也可在放针后根据所需长短剪去过长的新梢。注意要将剪刀伸进新枝处剪，切勿连同针叶一起剪除而留下难看的断针痕迹。

通过摘芽控制新枝长短，保持生发的针叶整齐

（十二）长叶松树短针处理

一些针叶较长的松树，如黑松、马尾松、赤松等，可采用短针法，使针叶变得短簇紧密，提高松树盆景的欣赏价值。具体的做法是：在 6 月中下旬至 7 月上旬，将当年新发的嫩枝全部剪去，枝端仅留 10 束左右隔年老针，将多余的下部针叶拔除。如果隔年老叶过长，也可将其剪短至 5—6 厘米，使得所有枝叶都能较好地获得光照，通风良好。大约 20 天，新芽便重新长出。

做短针时，要根据每件作品生长的壮弱情况，来判定修剪新芽的时间。对于长势较弱的老树，要剪得早一些，强壮的树可迟一点，但最迟不要超过 7 月上旬，否则容易造成只发芽不长新针或新针过短，影响松树的长势。

如果树势健壮，重长的新芽又多又密，等新芽稍大的时要疏去过多的新芽，摘短过长的芽尖，每梢只留 2—3 芽即可。留得太多，会使小枝过细过密，造成发育不良，影响来年的生长。10—12 月，满树短簇的新叶重新长成，这时可摘去隔年的老叶。经过梳理打扮，一盆面目一新的漂亮松树盆景就呈现在眼前。

剪去当年新发的嫩枝

剪去嫩枝 20 天后发芽

短针处理后至深秋状况

采用短针法的树，平时要养得健壮些，树枝的强弱也要保持得较为均匀，否则，剪新梢后会发芽不齐。老而瘦弱的树，最好隔年做一次短针法，如年年施行，则影响树气，造成松树盆景的生长渐趋瘦弱而难以复壮。

（十三）松树剪枝促芽

2008年9月中旬，在对一盆马尾松半成品整形的时候，发现由于当年春天没有掐芽，马尾松的新梢长至尺余，造成脱节过长，只好对马尾松的新枝进行回缩处理，将每一个新枝剪至理想的长短位置，仅留少量的当年新针。大约20天后，所有被剪短的枝头都发出了两个以上健壮的新芽，收到了意想不到的效果。后来，将此法应用于黑松、赤松、天目松等，效果都非常好。无论是半成品或成品的松树，都可以采用这个方法。多年的实践证明，从9月初到9月底是剪枝的最佳时间。

剪短当年新枝

抹去短枝上的芽苞

马尾松在正常生长的情况下枝叶稀疏，新枝拔节长，而春季摘芽会使针叶量减少，树枝变得更加细弱，不易萌发更多的侧芽。采用 9 月剪枝法，可以让马尾松在生长期有更多的叶片参与光合作用，获得养分，因此树枝更加壮实，剪枝后不仅枝节长短得到精准的控制，萌发的侧芽更多，马尾松容易形成紧密的枝片，而且第二年的针叶也会变短。至于其他的松树品种，也是一样的道理。

10 月初发芽状况

成型的松树盆景容易开花，造成枝端脱节，多年生长后形成顺直翘起的枝端，用不了几年又要复扎。应用 9 月剪枝法，将较长枝梢剪短，对无需剪短的枝抹去芽苞，促使枝端重新萌发侧芽，可避免因开花而造成枝梢脱节，也能使枝梢产生自然的转折变化，更长久有效地保持松树盆景优美的形态。值得说明的是，对于第二年要做短针法的松树作品，则当年不要采用剪枝法。

应用剪枝法使马尾松的枝节紧密，针叶也变得短簇

《山岛竦峙》

（马尾松，116厘米×138厘米，徐昊）

（十四）盆器选择

松树作品盆器以古朴、素雅、沉稳为要，忌鲜亮、花哨。以紫泥、乌泥等做成的紫砂盆最为相宜，白石或青石凿制的盆也较合适。

配盆的款式、大小、深浅等，要根据作品的大小和表现形式来确定。一般来讲，作品冠幅要超出盆子口径的 1/3 以上，才能凸显作品。

树干粗壮、具有左右势态或大飘枝的作品，宜配较深的长方盆或方盆，使作品显得稳定而庄重；曲干飘逸的作品，配以浅圆盆或海棠盆等线条柔和的盆器，能更好地体现作品曲线的美；直干或两三干合栽的作品，配以略浅一些的长方盆，既能体现作品的阳刚之气，也有利于作品的空间布局；悬崖式的作品配以斗方盆或千筒盆，能更好地表现悬崖的耸峭险峻之境；丛林合栽的作品则适合配浅薄的长方盆或腰圆盆，以体现松林开阔纵深的意境。

一景、二盆、三几架，是国人对盆景的审美要求。盆是盆景作品不可分割的组成部分，也是盆景生长的容器，因此，合适的配盆不仅能有效提升作品的品位，充分体现作品的美，也能使作品获得一个良好的立足生长之地。倘若将老树与古盆相结合，更能增加作品的人文内涵。

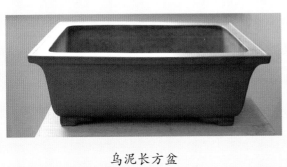

乌泥长方盆

粗砂正方盆

紫泥鼓丁盆

紫泥腰圆蒲包束口浅盆

七、松树盆景养护管理

（一）置场及光温管理

（1）松树盆景养护场地

松树盆景喜欢在空旷通风、能够得到全日照的环境中生长。人们总是

放置盆景的场地

用架子将盆景高高架起，除了方便观赏需要外，更主要的是为了通风和光照。在这样的环境中养出来的盆景，生长健壮，枝叶紧密，神采奕奕，不易染病。

架子一般用水泥预制或石料加工而成，因其美观经久。夏天高温时，在其面上垫一块木板再放盆景则更佳，因水泥板或石板热辐射大，而木板相对而言好得多。

如在高墙深院或露台、窗台等较小的环境里莳养松树盆景，放置的位置与墙面要保持一定的距离，尤其与朝西的墙面要离得更远一点；否则夏天高温，盆景受墙面热辐射的影响，轻则导致松树生长不良，重则导致松树烤焦死亡。背阴处和树阴下也不宜放置松树盆景；如放置在这样的环境里，长期光照不足，会使松树枝叶疏散，生长不良，逐渐失枝枯萎。

（2）室内摆放管理

爱盆景的人总喜欢把盆景作为案头清供，搬到室内赏玩，但要注意的是：整个生长期，松树盆景放置室内是不能太久的，最好不要超过三四天；否则，放置久了会影响松树生长，甚至造成失枝、死亡等损失。

《枕石且看云》
（天目松，38 厘米 ×52 厘米，徐昊）

《天目风云》
（天目松，68 厘米 ×96 厘米，徐昊）

入冬后，气温低至5℃以下的地区，松树盆景可长期放在光线较为明亮的室内欣赏，待来年2月份搬出室外也无妨。但要注意浇水，盆面稍干即浇透，因冬季气候干燥，空气湿度低，盆土易干，如不及时浇水，盆景容易枯死。如果室内使用空调，盆土更易干燥，更要注意观察盆土干湿状况，及时浇水。冬天24小时供暖常温的室内不宜久放松树盆景，只能放置几天即要调换；否则，时间过长会打破松树盆景的休眠，影响松树正常生长，甚至造成死亡。

（3）过冬管理

松树是耐寒的树种，盆栽松树在短期-10℃以上是完全不会冻伤的，因此，长江中下游地区完全可以露天过冬。冬天气温长期低于-10℃的北方地区，可将松树盆景放置在塑料大棚内过冬，或临时搭建塑料棚保暖；小型盆景可搬到阳台内或光线较亮的室内过冬（必须不是供暖常温的室内）。

长江中下游地区露天过冬

（二）浇水

（1）浇水重要性

　　水是生命之源。浇水是养护过程中最重要的环节，是栽培盆景成败的关键。俗云"养花一点通，浇水三年功"，意即莳养盆花、盆景关键在于浇水，而浇水往往要经过三年的实践，反复观察植物的生长情况，充分了解植物的生长习性，才能掌握要领。当然，这和每个人对于此道的悟性有关，有的人一学即会，而有些人久久未能入门，这主要是对干湿理解的准确性有关。

　　生命存在的三要素是阳光、空气和水分。对于盆景而言，阳光和空气是自然给予的，只要选择合适的放置场所即可得到满足。而水分主要是靠我们人工给予的，盆景的整个生长期，除了寒冷的季节和下雨天以外，几乎每天都要给盆景浇水。

浇水得当，松树生长健壮（《雄秀天宇》，赤松，86厘米×112厘米，徐昊）

（2）盆土干湿的判断

浇水的原则是不干不浇，浇则浇透。那么，怎样才算是干了呢？在日常的管理中，盆面的土壤干燥发白，摸之发硬，即可浇水。

科学的讲法是，以植物达到凋萎系数的土壤含水率为基点，这时树木的新叶开始发软而耷拉，老叶因缺乏足够的水分光泽变差。松树是内含油脂的植物，所以表现不明显，但在高温时针叶会从针尖开始焦枯，严重时会死亡。在植物达到凋萎系数之前就必须及时补充水分。

水分过多同样会造成树木生长不良或死亡，尤其是夏日酷暑天气，浇下去的水如果滞留盆中24小时不干，这就是过湿，这时盆中的土壤溶液浓度会升高，造成盆景根部缺氧和中毒。如果经常处于这种状态，树木的根系会腐烂，轻则枝细叶黄，停滞生长，重则烂根死亡。如果发现这种情况，应停止浇水，待盆面干后再浇，浇水的量也应减少些，确保每天盆土都能干，等其恢复健壮后再按正常的方法浇水。

表土已经干燥发白，青苔已干缩，要浇水了

盆土尚潮润，还不需要浇水

盆土过湿，注意控水

盆土过干时浇水要多浇几遍，否则不易浇透

（3）浇水方法

寒冬及早春，一般根据盆土的干燥情况决定浇水的次数。

自仲春新芽初萌始，每天都需检视一遍，根据盆土的干湿情况，或多或少地浇一遍水。从这时开始，随着气温逐渐升高，松树新芽不断生长，盆景的需水量逐渐增加，因此每天一次的浇水必须尽量浇透，以满足松树生长的需要。

梅雨季节，盆景进入一年中最旺盛的生长期，这时的气温比较高，每天必须尽量给足水分。黄梅天时雨时晴，即使下过雨后也需检视盆土的干湿状况，因这一时期松树进入旺长期，叶面量增加一倍多，盆景的蒸发量特别大，稍微一点小雨是湿不透盆土的，还应给予人工补水；否则一时疏忽，会造成松树盆景失水受损。

盛夏高温季节，气温在35℃以上时，大多盆景每天需浇两次水，上午和下午各一次，以保证树木生长和散热的需要。

植物和人一样，是需要水分蒸发来带走热量的。盛夏高温天气，人在室外劳动，却不会晒伤皮肤，是因为人体大量出汗带走热量；4—5月份气温未致身体出汗，反而易使皮肤灼伤。植物同理。

因此，浇水的时间是每天气温最高的时候，冬春之季在上午10点至下午1点，因这时盆土回暖，植物最易吸收，早晚往往结冰，浇水会导致严重冰冻，也会胀破花盆。

高温季节上午9—10点拣干的补浇一次水，下午2—3点全面浇透一次水。这段时间无论你一次浇水浇得多透，到第二天的上午大多数的盆土已经很干了，如不浇水，树木很难挨过中午的高温。而到了下午2—3点气温最高的时候，上午补充的水分又已蒸发殆尽，这时如不及时补充水分，盆土温度会很高，盆景也会因得不到足够的水分而被灼伤针叶。这一现象在松树盆景中以大板松为明显，大坂松稍有失水，即会出现灼伤针叶的情况，轻则导致局部针叶枯黄，重则导致整株死亡。

（4）浇水误区

传统认为，高温季节浇水最好在早晨或日落后，否则太阳光照下浇水会烫伤植物的根；水洒到树叶上，水珠还会产生凸透镜作用而烧焦树叶。其实，这些都是无稽之谈。水浇到盆土中，只会降低温度，同时通过蒸发带走盆中的热量；盆景树木本身也要靠水分蒸发来带走热量，在高温下才能保持正常的生理代谢。叶面枯焦大多是因为失水而造成的，也有因施肥或浇水过多，造成盆景的根须生长不佳，在日照下蒸发大于吸收而造成。正常生长的盆景不会因阳光下沾到水珠而灼伤叶面，因为水分洒到叶面会气化蒸发而带走热量，根本不会出现灼伤叶面的情况。在我 30 余年的盆景养护过程中，无论是规模化生产或在庭园、屋顶栽培盆景，采用这种方法浇水都屡试不爽，盆景长得非常健壮。

即使夏天高温烈日下，将水浇到树叶上也不会引起树叶枯焦

（三）施肥

（1）选用有机肥

松树生长在土壤有限的盆器内，需要补充养分来维持松树的健壮生长，这就是我们平常所说的施肥。树木所需的大量元素除了从空气和水中获得的碳、氢、氧以外，还有氮、磷、钾。这3种元素在菜籽饼中的含量比例较为合理，因此我们常以菜籽饼作肥料给盆景施肥。其他如豆粕、鱼粉、骨粉、米糠等也是可用的有机肥，但其肥分的含量各有侧重。使用时往往将菜籽饼和一种或一种以上其他有机肥按比例混合发酵后制成手指粗的颗粒状，放置于盆面，效果也很好。

有机肥中除含有大量元素外，也含有一些植物所需的微量元素，并且有机肥不会破坏土壤结构，因此它是首选的盆景用肥。化肥因为含肥元素单一，长期施用会破坏盆土团粒结构，造成土壤板结，所以在盆景施肥中不被采用。

菜籽饼　　　　　　　　　　　　　有机颗粒肥

（2）固体肥料施用

盆景施肥大多以固体肥料直接放置盆面四周，随着浇水或雨水养分慢慢渗入盆土中被盆景吸收利用。大规模生产盆景，菜籽饼等有机肥也可不经发酵直接用于盆面，这样边发酵边被植物吸收利用，发酵时产生的热量也会随空气散去，不必担心伤及根部。

盆大菜籽饼用量多一点　　　　　　　　　将肥料分放盆面四周

　　一般来讲，10—20厘米口径的盆施放一汤匙菜籽饼即可，稍大的盆可施一小把，再大一些的盆可放一大把至数把，施用时将肥料分点放于盆的四周。

　　总之，施肥要根据盆和树的大小来决定施肥量。长势旺盛的盆景或正在培育的材料可多施一些肥；长势弱的树则不宜多施；生长不良的盆景"虚不受补"，应待其逐渐恢复正常生长后再施；新翻盆换土的盆景也不能立即施肥，要待其服盆1月后才能逐渐施肥。

　　对于已成型或待展出的盆景，如果直接将未经发酵的饼肥等固体肥料施于盆面，容易破坏盆面的美观，影响观赏和展出效果，最好施用有机颗粒肥或液肥。先将颗粒有机肥装在肥料笼子里，然后插于盆面四周，或将液肥稀释后浇入盆土，这样不会破坏盆面美观。

将有机颗粒肥放进专用　　　　盆大用大笼　　　　　　盆小用小笼
的肥料笼子里

（3）液肥沤制与施用

液肥是以菜籽饼或豆饼等有机肥加 10 倍的水沤制腐熟而成。沤制时间夏天 1 个月，秋冬 3 个月。使用时取其表面肥液加 15—30 倍的水，根据盆的大小酌量浇于盆土中。液肥的优点是见效快，但肥效相对较短，需薄肥勤施，注意不能过浓，否则易造成肥害。

将稀释后的液肥直接浇于盆面

（4）施肥时间

健康的松树根部会有一层白白的菌毛，这是松树的共生菌，具有固氮作用，能将空气中的氮元素固化为氮肥，被松树吸收利用。因此，成熟的松树盆景相较于其他树种，可适当减少施肥量。以固体有机肥为例，春芽初上的清明时节可施放 1 次，5 月份进入旺长期施用 1 次，6 月份梅雨季节开始至 9 月中旬不宜施肥。9 月下旬至 10 月份，天气渐凉，日夜温差较大，松树开始积累养分，为来年生长作准备，这时应及时给予一次肥料补充，使松树盆景的养分积累更充足。初冬季节，也可在盆面适当施些过冬肥，这样来年松树的生长更健壮。如施用液肥，除 6 月至 9 月中旬、11 月至翌年 3 月以外，其他时间可半个月施用 1 次。

（四）翻盆

（1）翻盆时间

经过数年，盆面越来越硬，浇水不易渗透，无论浇水、施肥多么合理，其长势终不及当初健旺，这是因为盆土中植物所需的养分消耗殆尽，而施肥所能提供的养分并不全面。再则，经过多年盆中生长，根须缠绕盘结，影响水分和养分的输送，这时就需要翻盆换土了。中小型松树盆景可 3 年翻盆一次，大型松树盆景间隔时间可再长一些。

久未翻盆的松树，长势逐渐衰弱

（2）土壤选择

松树盆景常用的土壤是具团粒结构的山泥，其中带有花岗岩颗粒的山土最佳。找到这种土后，取其表土约 5 厘米下层的土壤（表土多草籽、虫卵及病菌），筛除极细的粉末及直径 0.8 厘米以上的大颗粒即可。软质的花岗岩风化沙也是较优秀的松树盆栽植料，其制法同山泥。团粒结构的优点是其土壤总孔隙度较大，大小孔隙搭配，大孔隙透气，小孔隙吸水，透水通气性好，因此，盆景根须发达，生长健旺。

过细的泥种植后，盆土往往过于紧密，透气性差，水分保有量少，种植多年后易干燥而且不易浇透，导致松树根系不发达，或层层缠绕盘结于盆壁四周而生长不良。

目前，也有从日本进口的赤玉土，呈匀质的颗粒状，种植效果好，松树根须发达，是优秀的松树盆景植料。但价格颇高，一盆大一点的盆景往往要数十至数百元。有条件者可酌情选用。

值得注意的是，赤玉土对于天目松的生长不太理想，至冬天针叶明显泛黄，没有山泥及风化土种植的那样翠绿光亮，大概是缺少花岗岩中某些矿物元素的缘故。种植时将赤玉土混合 30% 左右的桐生沙或风化沙颗粒，效果明显好一些。

优质山泥 　　　　　　　风化沙

赤玉土 　　　　　　　桐生沙

（3）翻盆季节

松树翻盆的最佳季节是立春后至清明前。这时松树盆景新根已开始萌动，新叶尚未生长，翻盆后会迅速生发新根，吸取新土中的养分，从而促进生长。10—11 月也是松树较为理想的翻盆季节，这时的松树养分积累较盛，翻盆 1 周后即生根服盆。

除适合的季节外，其他季节最好不要轻易翻盆，尤其是梅雨季节和 7—9 月高温季节。如因不小心打碎盆或展出需要等特殊情况必须换盆，也要做到换盆不换土或尽可能少换土，才能保证松树盆景不出意外。

（4）换盆方法

将松树从盆中小心取出。起盆时要注意根部的泥坨是否紧密，特别是一些下山桩需要配盆的时候，根须尚未发达，如拔的时候树桩动而泥却未动，说明主根过细，不能硬拔。对此，应逐渐剔除盆边泥土，小心取出，否则用力过大会将根全部拔断而导致盆景死亡。

一些内翻边的盆子也不易拔出，要先剔除盆边的土壤。如盆土过于致密，无法剔除盆边土壤，也可用高压水枪冲去边土，待其松动后取出。

拔出后，将盘结缠绕于四周及底部的树根小心理出，留5—10厘米的长度，剪除过长的须根。所留须根长度应根据树的大小粗细而定，小的留短些，粗大的留长些。然后根据盆景的生长情况剔除1/3—1/2旧土，生长较弱的少剔除些，生长健壮的可多剔除些，主要剔四周及底部的旧土。剔土完成后，在选用的盆底部垫上窗纱或塑料网片，自固定眼穿好固定树桩用的金属丝，然后在盆底匀铺一层新土，将树桩按确定的种植位置放下并理顺根须，再将根块与盆扎紧固定（预防发风时摇动树桩而影响根的生长，预防大风时连根拔起）。接着将备用的植料倒入四周空隙处，并用竹签等工具匀插四周新土，使之充分填满空隙，不至空根。确定盆土匀实后，再按自己的审美需求将盆面做出地形地貌。

先撬松盆边的土　　　小心拔出松树（土球表　　剔除边缘的旧土，理出
　　　　　　　　　　　面白绒绒的是根菌）　　　盘结的根须

剪去盘结在底部的根须或过长的根

去掉 1/3—1/2 的旧土

盆底孔处垫上挡泥泄水的塑料网片，穿上固定用的金属丝

盆底铺上薄薄一层新土

将树放入盆中，调整好栽种位置和角度，并用金属丝固定

加入新土，并用竹签插实盆土，勿使空根

翻盆工作完成

（黑松，58 厘米 ×51 厘米，徐品超）

（5）翻盆后养护管理

种植完成后，必须立即浇透
水，然后放置花架上进行正常养
护管理。在适宜的季节翻盆后，
松树盆景无需遮阴、喷水等特殊
养护措施。越是风吹日晒，生根
越快，越容易恢复正常生长。需
要注意的是，刚翻盆的盆景在前
半个月内容易出现根基部旧土干
而四周新土仍潮的现象，这是因

翻盆完成后，浇定根水

为刚剪除须根，新根尚未生发，因此吸收不到新土中的水分。如出现这种情
况，应在树基部补浇些水。

八、松树盆景常见病虫害防治

（一）病虫害防治原则

松树生长过程中，经常会受到一些病虫为害，等到发现的时候，往往已经造成短期内无法逆转的损失，作品的面貌也要经过较长的时间才能恢复，有些病虫害甚至会造成失枝或整棵树死亡。因此，平时要注意预防病虫害。

健康的松树针叶

深秋至初冬季节松树正常落叶

在松树整个生长期每半个月左右喷施一次农药，做到防患于未然。有些农药可以几种混合使用，这样能减少工作量，且达到综合防治的效果。但要注意的是，几种农药混用时，要先在喷雾器中加小半桶水，再将农药逐样加入，然后加满水，摇匀后使用，以防农药原汁产生化学反应。酸碱性不同的药物不能混合使用。混合的药物要现配现用，不可久放。

一旦发现病虫害，就要及早对症下药，通过化学治疗，将病虫为害造成的损失控制在最小范围内。

（二）松树盆景常见虫害及防治

（1）天牛

5—6月份经常会发现天牛咬食松枝及其他一些盆景树枝的嫩皮，被咬食的树枝往往成环剥状，造成树枝枯死。天牛还是传播松树线虫病的媒介，一旦被松材线虫感染，就会造成松树作品死亡。一些新下山的松柏类树桩在成活的过程中，由于长势较弱，天牛的幼虫会钻入皮层，将树桩的形成层咬食一空，造成树桩死亡。

天牛

在天牛为害前，可取一些小药瓶之类的小塑料瓶，往瓶中放入一块拇指大小的棉花（也可将一小张餐巾纸搓成团放入），接着往瓶中注入 5 克左右的敌敌畏或乐果等杀虫剂，然后在瓶盖上钻一 3—5 毫米的小孔作为农药的挥发口。拧紧瓶盖后，在瓶颈处扎上细金属丝，将其悬挂于盆景树冠内的枝条上。其原理是利用农药的挥发性，达到驱赶天牛及其他害虫的目的。大

药瓶熏蒸驱虫

面积盆景养护可间隔几盆挂一个药瓶。一年只要挂一次，便不会受到天牛为害。

如发现天牛为害，可选用甲萘威（西维因）、辛硫磷、乐果、溴氰菊酯、噻虫啉、绿色威雷等农药，按说明书要求稀释后，均匀喷洒于盆景的枝叶和树干上，即可有效防治天牛。

发现树干上有天牛幼虫的蛀孔时，可用少许棉花沾上敌敌畏或乐果等杀虫剂原液，用镊子或牙签将药棉塞入蛀孔，通过树液的传导和熏蒸作用，可以有效杀灭天牛幼虫。

（2）松干蚧、松针蚧

由于环境原因或平时防治工作做得不够，松树盆景也会发生介壳虫为害。松干蚧寄生于树干裂皮的缝隙里，被翘起的松树鳞皮覆盖，隐藏性非常强。成虫会分泌白色长蜡丝包裹虫体的背部，因此看上去像一个个小棉点。当表面发现有少量松干蚧的时候，在翘裂的树皮下面已有大量的松干蚧。受松干蚧为害，松树在生长期会出现发芽长针不齐、弱枝不发芽等现象，严重时会造成失枝。松干蚧还会破坏皮层组织形成污烂斑点，引起干枯病，造成松树死亡。

平时可用 1—1.5 波美度石硫合剂或杀螟硫磷（杀螟松）防治。也可采用具有内吸性的药剂，以涂干法防治隐蔽期寄生若虫。

发现松干蚧为害时，要剥去树干表面的翘皮，尽量让介壳虫暴露，然后用1—1.5波美度石硫合剂喷洒松树枝干，或用杀扑磷（速扑杀）、国光必治（啶虫脒·毒死蜱）等农药按说明书比例稀释后喷洒，7—10天1次。1种药连续使用3次后要换药，以免害虫产生抗药性。

松干蚧隐蔽性强，一旦发生为害，一般要经过一个生长期才能彻底清除虫害，因此平时的预防非常重要。

松干蚧为害状   松针蚧为害状

松针蚧主要为害松树盆景的针叶，在一些院子里或阴湿不通风的环境里莳养的松树盆景，比较容易招受松针蚧的侵害。松针蚧细小的虫体紧贴叶面，吸食松针内的营养，使松针形成难看的斑点，严重时会引起松树针叶发黄脱落，造成失枝。虫害发生后，可以参考松干蚧的防治方法进行防治。在松针蚧活动期，一般连续用药3次即可将其杀灭。

（3）红蜘蛛

红蜘蛛是一种肉眼可见的极小螨类害虫，大小仅0.5毫米左右，隐匿于松树叶间吸食针叶的营养，初期不易被发现。当气温升高，红蜘蛛大量繁殖时，先可看到局部叶色暗淡失绿，几天后就会波及全树，并且蔓延到其他松树上。受害严重的松树盆景全树针叶呈灰白色、无光泽，而且不可逆转，要等到第二年换上新针才能恢复原貌，还会对松树盆景的生长造成影响。

| 红蜘蛛 | 红蜘蛛为害状 |

因此，平时预防性喷药时，要加进杀灭红蜘蛛的农药。一旦发生红蜘蛛为害，要及时施药，以免造成更大的损失。防治红蜘蛛的常用农药有阿维菌素乳油、哒螨灵、乙螨唑、丁氟螨酯（金满枝）、三氯杀螨醇等，使用时按说明书要求稀释后，均匀喷洒于松树的针叶正反面及枝干和盆面。因红蜘蛛在阳光下会躲进松树的鳞皮或根部等隐蔽处，傍晚大量出来活动，因此傍晚施药效果更佳。用药时最好杀虫剂和杀卵剂混合使用，每周 1 次，连续 3 次，基本可达到杀灭效果。

（4）松大蚜

个体最大的蚜虫，体长可达 3—4 毫米，虫体黑褐色。初夏或深秋至初冬常有发生为害，江浙地区以秋冬为甚。由于虫体颜色和松树老皮的颜色非常接近，因此不易被发现。发生为害时，松大蚜聚生于松枝上，吸食松树的营养，排泄出含有蜜露的粪便，洒落于盆面及地上。因此，当发现盆沿及水泥地上有湿黏的液体时，上方的树枝十有八九是受到松大蚜为害了。受害松树会出现松针黄褐

松大蚜

斑和焦尖，严重时会造成松树枯叶失枝。由于蚜虫的排泄物含有糖分，因此也会引发煤污病的发生，影响松树正常生长和观赏价值。

发生松大蚜为害时，选用吡虫啉、氰戊菊酯乳油、乐果等农药稀释后喷洒防治，可有效杀灭松大蚜。

（5）小蓑蛾

幼虫体长 8—10 毫米，会结丝成灰色囊袋，护囊倒立或悬挂于松树针叶或小枝上。幼虫咬食松针或新枝嫩皮，五针松偶有受害。8—9 月份为主要发生期，为害严重时可将整棵树的针叶吃光。

发现小蓑蛾为害时，可选用敌敌畏、敌百虫、辛硫磷等农药稀释后喷洒。

小蓑蛾护囊

（6）纵坑切梢小蠹、松梢螟

二者均为蛀心虫，为害时幼虫钻入松树枝梢，沿木髓上下蛀食枝梢的木质部，使枝梢失水枯死。由于为害时隐蔽性强，一般等到枝梢枯萎时才能发现，在钻入口处轻轻一掰就断，树枝断处上下中空。两种害虫对松树的造型和生长影响严重。

平时以防为主，一旦发现为害，可选用吡虫啉、杀螟松、敌敌畏、辛硫磷等农药，按说明书要求的比例稀释后喷杀。

纵坑切梢小蠹

松梢螟

（三）松树盆景常见病害及防治

（1）松树线虫病

常因天牛为害而带入病原，线虫随天牛咬食的伤口进入木质部，寄生于松树的树脂道内大量繁殖扩散，最终遍及全树，破坏树脂道薄壁细胞和上皮细胞，造成树脂分泌急剧减少和停止，导致植株失水枯萎。受线虫为害致死的松树针叶呈红褐色，当年不会脱落。

线虫病为害，导致松树死亡

松树线虫病是松树毁灭性的流行病，无有效方法可以救治，因此，平时重在对天牛等虫害的防治，杜绝病原侵入。一旦发现因线虫病致死的松树盆景，应立即烧毁，以免殃及其他健康的松树盆景。

（2）松树落针病

突发性非常强的致松树针叶脱落的一种病害，发生于深秋至初冬，与松树盆景的长势强弱无关。发病时自当年针叶根部开始发黄，逐渐向上扩展，此时轻轻触碰针叶便会脱落。该病发展迅速，如不及时治疗，十多天内即可

松树落针病症状

使整棵树发病，并且向邻近的松树扩散，造成针叶脱落而失枝，乃至整树落光枝叶而枯死。天目松、赤松、油松等品种容易发生松树落针病。

9月下旬至10月初，用敌磺钠（敌克松）兑水500—1000倍液浇灌盆土，间隔半月再浇1次，同时选用百菌清、甲基硫菌灵（甲基托布津）、多菌灵等杀菌剂喷洒叶面及枝干，连续2次，可有效预防落针病的发生。

病害发生时，可采用上述预防方法进行治疗；也可以用石硫合剂结晶粉100倍液喷洒叶面及枝干，可有效遏制病情发展，使松树盆景来年春天正常发芽生长。

（3）松针褐斑病

病原菌存在于病树的隔年老针或落叶上过冬，第二年5—6月，当年新针长到一定长度后，病原菌从气孔侵入新针，产生黄色或淡褐色小斑点。7—8月高温时，病害发展为褐色，多个病斑汇合形成褐色段斑，造成病斑以上针叶尖端迅速变褐枯死。如不及时采取有效防治，9—10月又出现第二次发病高峰，严重时会造成整棵树的针叶枯焦而导致松树死亡。

松树盆景配盆过大，土壤过湿，土壤酸碱度不适合都容易造成病害发生。在病害发生区，冬季至早春喷施3—5波美度石硫合剂进行预防。从3月份开始，间隔半个月左右喷洒一次杀菌剂，以防老针中的病原菌继续发展并侵入到新针当中。当病害发生时，及时选喷代森辛、多菌灵、百菌清、甲基硫菌灵（甲基托布津）、嘧菌酯（阿米西达）等杀菌剂，每10天左右1次，连续2—3次，可有效控制病害发展蔓延。以上药剂可交替使用，以免产生抗药性。

（4）松针赤枯病

病原菌主要感染松树当年新针，发病时部分新针自叶基、叶中或叶尖枯死，枯死的针叶呈赤褐色，间有褐色病斑。一般每年5—6月感染病原菌，7—8月出现赤枯症状。高温和雨水有利于病原菌扩散，导致发病严重。初冬季节雾霾严重，也会引发松针赤枯病。该病影响松树的生长和观赏价值。

病树冬天可剪去枯萎的针叶段，拔除自基部枯萎的针叶，清理干净后喷洒3—5波美度石硫合剂进行预防保护。平时管理中定期喷洒杀菌剂预防。一旦发生赤枯病，可选用退菌特、多菌灵、代森锌、甲基硫菌灵（甲基托布津）等农药进行防治。

松针褐斑病症状

松针赤枯病症状

九、松树盆景创作实例

（一）曲干与大飘枝的应用

——黑松盆景《雄姿英发》创作

这是一棵山采黑松素材，截至 2017 年 3 月上盆养坯已有 2 年时间，生长状况良好，树枝已达到可制作的长度，于是开始制作造型。

素材正面

素材背面

从素材的背面看，该素材主干粗壮，有较好的弯曲过渡，这在黑松下山桩中是比较难得的。但也有其不足之处，第一弯后主干呈横平状，左右出枝在一个水平线上。从素材正面照片看：左边第一出枝粗壮且具有自然的弯曲变化，颇有可取之处。但按照目前的栽种状况来看，树势是向右的，应该将右边第一枝作成向右的顺飘，不过这样处理的话，左边粗枝的优点就变得全无用处了。该枝脱节过长，仅较远的枝端才有少量分枝，无法缩短到合适的长度，同时也解决不了左右两枝在同一水平线上的问题。如果去掉该枝，主干形成的半圆形弧度非常难看，而且树枝尽在顶部，又与该素材粗壮且具有收梢过渡的生长特点不协调。因此，经过综合考虑后，决定改变栽种角度，将素材向左作适当倾斜，改变原来向右的树势，充分利用左边第一粗枝天然的弯曲变化，将其作成大飘枝，同时也使得右边的第一出枝有一定的位置抬升，改变两枝在同一水平线上的缺点，取树势为随飘枝而向左的势态。

山采松树桩一般都有裁剪后留下的桩结，所以制作毛坯时，就先从雕刻桩结开始。雕刻的目的是模仿自然枯枝腐朽风化后残留的形状，加以艺术地修饰，表现岁月留痕的美。松树会在死亡枝条接近树干处堆积养料，形成凸起的养料堆积层，所以松树的桩结雕刻要保留这个堆积层，避免扩大伤口，破坏树干的完整性。并不是所有的桩结都要做成舍利的，在不需要舍利的位置以及一些较小的桩结，都可以做成"马眼"。

对于一些粗而短的桩结，可用手锯顺着纹理锯入一定的深度，以便纵向雕刻。锯入口根据桩结塑形的需要决定位置和深浅，切勿居中对开，要偏离中心位置切入，才能使雕刻后的桩结产生自然而变化的美感。

雕琢桩结

桩结初步雕琢完成

将较小的桩结雕琢成"马眼"

处理细部，力求自然

在合适的位置竖向锯开较粗的桩结

雕琢完成

　　锯掉多余、过长的桩结，让舍利枝服从于整体造型，以免舍利枝过多，喧宾夺主。对舍利枝进行雕刻时，根据桩结自然的纤维扭曲，顺势而为，再加以纹理深浅宽窄的变化，使舍利枝产生灵动的视觉效果。舍利枝宜"瘦"忌"肥"，"瘦"才有骨感的美。

　　对于一些贴近主干平切的截疤，只要将截口平面雕琢成自然风化的模样即可。除了将截口边沿线修饰成自然的不规则形以外，尽量不要扩大截口的创伤面积。

　　对于上部主干较细处的截疤，可根据松树的生长特点，留取养料堆积层，

根据造型布势的需要，锯去过长的桩结

通过雕琢呈现纹理变化，"活化"枯枝

雕琢平面截疤

主干较细处的短桩结

仅将截口处雕刻成自然状，使之愈合后形成美观的凸起，以有效增加主干的视觉粗度，同时也能增加主干线条的顿挫变化。

　　紧贴主干的陈年枯朽部分，要将表面的腐朽部分清除，经过雕刻让其展现出自然美观的纹理，增加主干的沧桑感和审美内容，同时也可防止枯朽处进一步腐烂。

　　树干最上面的"杀头"部分，只要顺着干势稍加修饰即可，尽量保持圆满一些，以便顶枝长粗后过渡自然。

浅浅雕琢，以使树皮向上愈合

紧贴主干的枯枝、桩结雕琢后可增加沧桑感

顶端的截疤处，让其续枝为干

雕琢时留有余地，使续枝长粗后过渡圆满

整枝造型前，先拔去隔年老针叶，留下新针叶，以便看清树枝结构进行取舍和攀扎。新老针叶之间有明显的界线，并且新针叶的颜色更嫩，所以很容易区分。

一些较为粗长的枝条，可在分枝处剪去中心枝，利用分枝代替主枝，可使枝条在造型中获得硬角的转折变化。

满树的松树花蕾，新芽生长后会使树枝脱节，可连芽一并摘除，让侧芽重新萌发。注意：如果摘除带花的芽苞，除了太过细小的芽苞外，应将全树所有的芽苞同步摘完；生长健壮的徒长枝，可留取8—10束针叶，将先端剪去，促使新芽生发均匀整齐。

攀扎前先拔除隔年老叶

在较粗的分枝处剪去主枝，使枝线形成硬角转折变化

摘去带花的芽苞

芽苞已摘去

剪去过长的枝端

　　根据枝条的粗细确定金属丝的粗细规格，以 45° 左右的旋转角度攀扎金属丝，攀扎金属丝时松紧要适度。如果枝条需要扭转，金属丝则要顺着扭转的方向攀扎。反向攀扎扭转时金属丝会变松，起不到固定作用。

　　枝条的制作注重线条的变化，合理的弧线结合硬角的转折，使枝线产生节奏的美感。每个大枝片和小枝片的主次关系分明，枝片之间大小、长短富于变化，层次感清晰。协调统一的层片之间，利用分枝的穿插打破平行和呆板。

攀扎金属丝

将树枝弯曲成具有美感的线条

第一次制作完成后的主枝

经过两年多时间的养护，于 2019 年 10 月第二次整枝复形后，作品已经初具当初立意的效果，具有舞动的形体表现和明确的势向。再经过几年的养护，将更好地表现出松树的自然美和意境美。

第一次制作完成

（图示作品将要翻盆定植的角度）

第二次复整完成

（二）直干与平枝的应用

——黑松盆景《曾受秦封称大夫》创作

我喜欢松树刚直不阿的本性，因此偏好选择一些直干的素材，来表达松树正气凛然的美。2009 年春获得这棵直干素材，种植服盆后于 2010 年元月进行创作。

素材主干笔直，上下等粗，这样的素材比较合我心意，能够表现古松的阳刚之美。

素材正面   素材背面

该树在较粗的时候曾经被樵夫砍去主干，多年后砍头处的分枝逐渐长粗，砍疤重新愈合。创作时首先对树枝进行取舍，并利用树枝自然转折，表现线条的美感。去除多余树枝后对截疤要做雕琢处理，以消除人为痕迹，使之形同自然形成的疤结。

曾经被樵夫砍去的主干位置

树枝该舍当舍，该留当留

去除多余的树枝

删剪完成

雕琢前的截疤

雕琢后的截疤

    粗大的树枝呈向上的弧形，要将其向下弯折是有一定难度的。采用打孔、开槽等方法，去掉树枝下方的部分木质，以减少粗枝向下弯折时的支撑力，并绑扎布条或麻绳保护树枝。通过扭转下压，逐渐将粗枝弯折到位，并用金属丝牵拉固定。绑扎金属丝，制作树枝的线条和层次。将所有的树枝用金属丝绑定，以便调整树枝的经营位置。

    2016年7月初，应用短针法将当年新芽全部切除，使得重发的新针短簇。当年12月，作品获得"2016中国（南浔）盆景无国界世界大会奖"。

    黑松盆景作品《曾受秦封称大夫》承载了一种民族文化精神。据《史记》记载，秦始皇登封泰山时，途中遇雨，避于古松之下。因此松树护驾有功，遂封为"五大夫"爵位。该树于明朝时期被雷雨所毁。从古到今，松树一直是文人歌咏和描绘的对象，也成了中国士大夫精神的形象代表。

利用技术手段弯折粗枝

绑扎金属丝

调整树枝的布局　　　　　　　　初次制作完成

　　作品在创作时，并非简单地模仿大自然中的"五大夫松"，而是根据人们所赋予松树的文化精神，选用直干来创作。通过动静与滞畅这种对立关系的和谐处理，以及高大挺拔的布势，来营造作品刚正不阿、志存高远、从容不迫的君子气度。这就是作品的内涵，也即是作品的"意"。

　　在形体塑造方面，着重抓住松树的内在本质，根据自然生态的形貌特点来塑造松树的形象。左边的树枝或下垂或回折盘旋，滞如巨石，静若凝气。这种静滞的空间，以无形中让人感知山崖峭壁的存在。而右边的树枝舒展飘逸，畅如行云流水，让我们感觉得到深壑的空静和天空的高旷清朗。作品通过形体塑造了一个极目远眺的场景，营造山峦起伏、松林云海的美好生境，这便是作品的"境"。

　　"意"和"境"相互交融，就是作品所展示的意境。

2013年4月初复整完成

2013年9月底生长状况

2016年3月生长状况

2016年11月生长状况

《曾受秦封称大夫》（黑松，125 厘米 ×98 厘米，徐昊）

（三）高位出枝与垂枝的应用

——赤松盆景《扶摇》创作

素材是一棵山采赤松，树干苍老而转折盘曲，颇有可取之处。但整棵树主干缺少分枝，仅有一顶枝顺主干向上矗立，顶部一分枝向下跌生。整树枝丫细长，枝叶稀疏，制作有一定的难度。

根据素材主干盘曲、顶部出枝以及枝条长而脱节等特点，决定采用垂枝的表现手法，表现曲干古松动静相宜的神貌。

制作的时间是 2014 年 4 月 24 日，这个时节制作松树盆景显得稍迟了一些，从图中可见松树的新叶已开始萌发。但由于植物萌发新芽时将上一年储存于枝干的养分转移到了新梢生长部位，枝干多纤维而少"肉质"，因此也是树枝最柔软的时候，攀扎弯曲时树枝不易折断。

素材背面

素材侧面

将需要进行大幅度弯曲的顶枝经过扭转，使其变得更加柔软，以便制作时能弯曲到位，并用布条绑紧加于保护，以防拿弯时脱皮或折断。

主干上满身的截疤，每一个都需要雕琢处理。将较大的截疤雕琢成桩结，较小的截疤雕琢成马眼状。

用布条绑紧顶枝，加于保护

主干上满身的截疤

雕琢处理

不同截疤雕琢后效果不同

　　将顶枝缠绕金属丝后，作横向 90° 的转折，并以金属丝作牵拉固定。顶枝盘曲后，枝位也得到了改变。但主枝先端横出而平直，与下垂的枝势不协调，且主干与主枝恰似形成了一个圈，显得不美观，只能通过对主枝和顶枝下方的主干部分（粗约 6 厘米）拿弯，来克服这一弊病。要在短距离内弯折，必须经过手术处理。用电钻在将要弯折的内弯处钻眼，去掉部分木质，以减少内侧的支撑力，便于拿弯。这个地方拿弯是有较大风险的，万一折断或因

将顶枝转折到合适的位置

枝与干的结构还不理想

在箭头所指处钻眼，可便拿弯

拿弯后用金属丝牵拉固定

拿弯后的效果

转折过度而死亡，整棵树就没有一点枝叶而报废了，因此得谨慎处理。打眼后先用手力扭旋，使弯折处的木质变得柔软一些，在弯折处的背部纵向垫上金属丝，再以布条绑扎紧固。然后将其弯折至合适的位置，并以金属丝牵拉绞紧固定。

因将顶部向下翻转，做成下垂的主枝，使得分枝大多呈向上生长状态。要将这些分枝做成垂枝式，大都要做 90°—180° 向下逆转。操作时，先绑

对将要逆转的枝条绑扎布带加于保护

向下逆转枝条

攀扎每一个枝条

粗枝攀扎后的基本结构

上布条，缠上金属丝，然后再做转折。

　　大的框架结构制作完成后，接着整理枝片，调整枝片的位置及线条结构，布置好整体树形。根据树形取势定位，对作品进行换盆改植。

整理小分枝

当即换盆后的效果

初次造型后的效果

2017 年春天复整后的效果

从 2014 年初次制作到 2018 年，过去了 4 年时间，其间素材经过定型、复壮过程。作品成熟尚需时日，在今后养护的过程中还要不断地调整和删减，使作品的线条结构充分地展现出来，从而实现构想的意象。

2018 年 6 月重新换盆后生长旺期的效果

（《扶摇》，赤松，120 厘米 ×108 厘米，徐昊）

（四）线条与节奏的应用

——天目松盆景《神仙曲》创作

我总觉得音乐有一根无形的线，将音符串联起来，形成抑扬顿挫的节奏。中国传统音乐跌宕起伏的韵律更让人荡气回肠，感心动耳。因此，我一直想用音乐的线条与节奏结合盆景艺术创作，让盆景产生音乐的节奏旋律。

2012年10月，我获得一棵天目松素材，之前已经被主人制作过。该素材即是天目松中的"岩松"，树干虽细，却经历了无数岁月，主干苍老曲折，线条颇有内在的质感和转折顿挫之美。但综观线条的整体形式及"S"形的弯曲，没有节奏变化，而且树冠偏于左侧，细长的主干难以承受树冠的重量，缺乏视觉的平衡和生长的自然性。尝试着竖起一些，期望改变树的重心位置，但树干整体的"S"形线性却无法改变。将树干再竖起一些，使原主干达到垂直的角度，这样随主干沿着主枝看去，一条变化丰富的线条呈现在眼前，瞬间与我谙熟于心的那根具有音乐感的线条吻合。

素材

尝试着竖起一些

再竖起一些，便发现了富于节奏变化的线条

　　心中意象既定。以原来的主枝代替主干，剪去多余的枝，并以金属丝攀扎，调整枝干线条的走向。经攀扎调整后，以主枝的线条延续主干的变化，其锐角的转折非常美。将随着主干线条的节奏变化的枝做成向上扬起状，使树冠显得轻盈而飘逸。改变角度后，不仅打破了主干"S"形的线条，也改变了先前第一枝内弯出枝的不良枝位，使主干线条产生丰富的节奏变化。创作完成后，经翻盆定植，树冠和线条合力向上攀升的气韵立即显现出来。

剪除多余的枝条，绑扎金属丝

攀扎调整枝线及走向

枝线做成向上飞扬状

创作后的枝位及
主干线条

创作后的整体效果

换盆定植

　　经过 3 年的养护定型，2015 年 12 月再次翻盆后达到较理想的效果。作品驾驭主干线条张弛变化所产生的节奏韵律，结合同步上扬的枝线，恍若空静的山中响起悠扬的音乐，故名"神仙曲"。

2015 年《神仙曲》（天目松，68 厘米 × 46 厘米，徐昊）

后记

　　盆景是活着的艺术，除了符合所有艺术门类的共性以外，更具有生长可变的生命特性，因此，盆景便是永无止境的表现性艺术，其乐也此，其辛亦斯。

　　初学盆景，首先要学会养护。养活不难，但要将一棵树种在盆里一直养下去，几十年甚至代代相传，那就需要懂得植物生长习性，掌握土壤、肥料等基础知识，学会病虫害防治，并勤于观察实施，此谓"识性适性"。至于日常管理，阴晴寒暑，无一日懈怠，坚持如一，方得始终。

　　将盆栽创作成盆景，还要掌握创作技法。"技"有规律有方法，可教可学，多做勤练，数年下来，熟能生巧，便可一技在手。但技法终究只是创作手段，真正的艺术要体现艺术家的创造性，以作品反映作者的思想情感和人文内涵，光有技巧是不够的，更为重要的是"学养"这个精神支柱。学养丰富了，方可触类旁通，更好地驾驭作品内涵的表达，让作品充满诗情画意。

　　或许可以举出很多没有读过多少书而成为艺术大家的例子，但我可以肯定地说，这些人除了具有美学天赋以外，平时一定是勤于学习思考的，其实他们是有文化有学问的人。

　　文化除了从书本中学习以外，大量的文化是可以从生活中获得的。

日常生活中言谈交流、嬉笑怒骂皆有学问，只要乐于倾听请教，善于观察思考，便是一种文化的积累。通过对文化的思考和理解，知其然知其所以然，这便是学问。学问是一辈子的事，所谓"活到老，学到老"是也。

我从事盆景工作近 40 年，从制作到日常管理，无不亲历亲为，平时对松柏类盆景观察思考较多，也积累了一些经验和资料，但要专业、系统地把松树盆景这个门类说清楚，还是深感自己学问不足，手头的资料积累也不够全面。

比如松树素材苗培这一块，虽然知道怎么做，有些工作却没有实践经验，手头也没有图片资料，因此只能请教有实践经验的朋友，对

我的理论加于验证，并向他们索取图片资料。在此，向探讨实践经验及提供图片资料的刘磊、马荣成、李国宾、詹国灯、张慧楠、李志祥、陈友贵、吴宝华、周宽祥、王正南等同好表示衷心的感谢！

又如病虫害防治，这些都是亲身经历并日常在做的工作。当看到天牛在咬食松枝的时候，则赶紧把它抓住弄死；也遇到过松梢螟蛀食枝梢的情形，但当时只顾治虫，也没想到拍照留下资料。而像红蜘蛛这些极细的害虫，非专业摄影是拍不出清晰的照片的，我试过多次都不成功，因此这些只能取之网络等，我想，在此要感谢这些图片的拍摄者！

盆玩虽小道，但其中学问涉及之广之深，非一孔之见而能盖全。正所谓学无止境，在盆景艺术这条道路上，我永远只是个行进在途中的学生。感谢福建科学技术出版社提供的这个交流平台，让我有这个分享经验和抛砖引玉的机会。期望盆景界同好批评指正，并共同丰富盆景艺术实践知识和理论文化，让盆景这棵起源于中国的生命之树不断地壮大起来。

徐昊

2019 年 12 月